# 宝宝安全宝典

新文越　《我和宝贝》杂志／编著

**图书在版编目（CIP）数据**

宝宝安全宝典 / 新文越《我和宝贝》杂志编著．—北京：企业管理出版社，2012.12

ISBN 978-7-5164-0236-8

Ⅰ．①宝… Ⅱ．①新… Ⅲ．①婴幼儿－安全－基本知识 Ⅳ．①TS976.31

中国版本图书馆 CIP 数据核字 (2012) 第 293380 号

书　　名：宝宝安全宝典
作　　者：新文越《我和宝贝》杂志
责任编辑：丁锋
书　　号：ISBN 978-7-5164-0236-8
出版发行：企业管理出版社
地　　址：北京市海淀区紫竹院南路 17 号　邮编：100048
网　　址：http://www.emph.cn
电　　话：发行部（010）68414644　编辑部（010）68701408
电子信箱：bankingshu@126.com
印　　刷：北京利丰雅高长城印刷有限公司
经　　销：新华书店
规　　格：127 毫米 ×183 毫米　32 开本　6 印张　115 千字
版　　次：2013 年 4 月第 1 版　2013 年 4 月第 1 次印刷
定　　价：39.80 元

一切由爱开始……

**专家组名单：**

**朱宗涵：** 中国医师协会副会长、中国妇幼保健协会副会长

**戴耀华：** 中华预防医学会儿童保健分会主任委员、世界卫生组织儿童卫生合作中心主任

**何守森：** 主任医师、中华预防医学会儿童保健分会副主任委员、山东预防医学会儿童保健专业委员会主任委员

**陈欣欣：** 主任医师、北京预防医学会儿童保健专业委员会主任委员

**王惠梅：** 主任医师、山西省妇幼保健院儿童医院发育和行为儿科主任

**刘一心：** 主任医师、深圳市妇幼保健院儿保科主任

**覃耀明：** 主任医师、广西省妇幼保健院副院长

**许培斌：** 山东省威海市妇幼保健院副院长

**刘婷婷：** 北京儿童医院普通外科副主任医师

**李　耿：** 北京儿童医院新生儿中心 NICU 副主任医师

本书由中华预防医学会儿童保健分会专家组审阅

# 安全源于爱

去公司的会议室开会，看见大会议桌上不知是谁留了个螺丝钉，我立刻一把抓过来，塞进自己兜里，心想：可千万别被孩子看见，万一吃了怎么办？两分钟后明白过来，禁不住嘲笑自己"神经紧张"！

是的，自从做了妈妈，我的神经总有一部分时刻保持戒备状态，密切观察周边，警惕各种危险信号，排查一切不安全因素。这种状况一半出于妈妈的本能，另一半，则是因为在十多年的育儿杂志的工作经历里，我看过听过太多与孩子有关的安全事故。其中固然有偶发因素，但多数还是因为成人的疏忽，因为安全知识的缺乏，或者因为我们低估了孩子成长的速度和好奇心。

刚做编辑的时候，一次采访中，我最喜欢的戒指扎伤了小宝宝的手，从此我把所有夸张炫目的首饰都锁进抽屉。听一位妈妈讲过她儿子的车祸后，我常常会鼓足勇气跟路上偶遇的父母宣讲儿童汽车座椅的重要意义。我还一直在努力，也鼓励周围的父母认真学一些急救的技能，虽然希望这些技能永无用武之地，但关键时刻，或许就能挽救生命。（怀抱同样的期望，《我和宝贝》杂志刚刚改版的“安全”栏目里，第一个系列就是“急救”。）

对我们中的绝大多数人来说，为人父母是生命中一次全新的旅行，无论你是还在为这趟旅行准备行装，还是已经走在路上，“儿童安全”都应该是你要尽早修行的一门必修课。这门课的结业证书则会成为你和孩子的护身符，让这趟旅行走得平安从容。

当这本《安全宝典》经过编辑数月的辛勤工作，经过多位专家耐心严谨的审定终于放在我面前时，竟有些小小的激动——“儿童安全”这堂课终于有了一本专业又易懂的实用“教程”，可以帮助更多的父母为他们的孩子搭建一个爱的安全港。

感谢朱宗涵老师，戴耀华老师及众多儿科专家为这本书提供的专业意见，也要感谢新文越婴童用品有限公司对这本书的支持。很喜欢他们常提到的一个理念——安全源于爱。

是的，让我们对孩子的爱，从保障他们的安全开始吧。

《我和宝贝》杂志执行主编 钟煜

2012 年 12 月 12 日

# contents 目录

contents 目录

第一章

# 认识宝宝的安全

在我们的日常生活中，隐藏着各式各样的危险，在这一章里，我们会帮助父母，重新认识宝宝的安全问题。

宝宝们可不知道什么是安全，什么是危险。对他们来说，只有想要一探究竟的未知领域。然而在我们的生活中，隐藏着各种危险：尖锐的物体、摇晃的家具、触手可及的热水龙头、燃烧着的炉子、热水桶、游泳池以及人来人往的街道等等。

2012 年中国疾病预防控制中心与全球儿童安全组织联合发布的《儿童伤害预防倡导》报告显示，意外伤害是 0 ～ 14 岁中国儿童的第一位死亡原因，每年有近 50,000 名 0 ～ 14 岁儿童因伤害死亡。其中家中发生的伤害占到近一半（44.5%），跌倒、跌落和道路交通伤害始终排列在伤害的前两位。

也许作为成年人，我们已经学会很好地操控一些需要小心使用的物品，比如剪刀、火炉，我们还能很好地控制自己的身体，不会轻易跌倒、摔伤。但是宝宝在这方面比我们想象的要脆弱得多。为了更好地保护宝宝，使他们无论在家里还是在外面都不会受到伤害，身为父母一定要学会从他们的角度看待安全问题。

许多人将这种儿童伤害称为“意外事故”，因为这些伤害看上去是不可预测或者难以避免的。然而事实上，这种伤害不是随机的。通过了解宝宝如何成长以及每一个成长阶段可能发生哪些危险，父母可以采取有效的预防措施。这些措施即使不能避免所有的伤害，也可以避免其中的大部分。另一方面，永远不要因噎废食而去过多限制宝宝的探索，一个被限制或禁止去探索周围环境的宝宝，会逐渐对周围的世界产生退缩和恐惧感。能够在安全的环境中尽情探索，宝宝才有可能成为一个充满好奇心、外向、自信的人。

你必须记住：保护宝宝的安全，确保他们的身体不受伤害，是父母一项最基本的责任。

# 谁是容易受伤的宝宝

宝宝的性格等因素可能会决定他是否容易受到伤害。尝试通过以下几方面，判断谁是容易受伤的宝宝。

## 1 “冲动型”的宝宝

通过观察宝宝的成长过程，就能知道他是否属于容易发生意外的类型。有些宝宝成长过程中行为很沉稳，不紧不慢，他们在确定自己掌握了足够的技能之前决不会轻易尝试，这样的宝宝一般较少发生意外。性格较冲动的宝宝则与此相反，他们会不断尝试，不会规规矩矩按部就班地行动，常常表现得急躁冲动。他们看到心仪的玩具会猛冲过去，即使跌跤也无所谓。

## 2 “口欲型”的宝宝

有些宝宝就是喜欢用嘴去探索世界，不管什么东西，都要放到嘴里尝一尝。观察宝宝玩耍，你就能看出谁属于口欲型。一般的宝宝拿起一个小玩具，会先拿在手里研究一会儿，然后才塞到嘴里实验一下。而口欲型的小探险家拿到玩具后，二话不说就往嘴里放。这样的宝宝发生异物窒息的可能性更大。

## 3 “小小飞毛腿型”的宝宝

留心那些“小小飞毛腿”，这些小家伙一不小心就会溜出父母的视线，他们比那些依赖性高的宝宝更易发生意外。依赖性高的宝宝面对陌生事物时不会轻举妄动，会等父母确认一切安全后，才会采取行动。

### 4 处在特殊时期的宝宝

在这个时期，宝宝可能非常倔强、极易发脾气、相对好斗或者不易集中注意力，这些特征都可能引发伤害。所以，当你发现宝宝心情不好或者正在经历困难时，要格外警觉：这正是他容易不遵守规矩的时候，即使是那些他平时都会遵守的规矩。

# 不同年龄段宝宝的安全措施

宝宝的年龄不同，他们需要的安全保护也不一样，针对他们的安全措施也是不同的。

## 0~12个月

**● 不要让宝宝单独呆在房间里**

在最开始的半年中，宝宝还不能自己移动，你可以通过不把他单独留在危险的地方来确保他的安全。这些危险的地方包括床上或者沙发上。

**● 保证宝宝随时在视线中**

随着宝宝一天天长大，他开始自己制造一些危险。你需要做的是随时能关注到宝宝，在他做出危险举动时，及时阻止。

**● 反复强调“不要”触碰危险**

每当宝宝触碰那些有潜在危险的东西时，你一定告诉他“不要”。这个时期的宝宝是最麻烦的，因为他们根本不会从训诫中吸取教训。即便你每天告诉他20次离卫生间远点，当你一转身，他还是会去卫生间。宝宝并不是故意不服从命令，只是他的记忆力还没有发育成熟，当他再次被那些禁止的事物或行为吸引的时候，他还不能够记起你的警告。那些表面上的顽皮行为，其实是宝宝对现实的试验和再试验——正是这个年龄段宝宝的正常学习方法。虽然这听起来有点儿无奈，不过你仍旧要反复强调哪些行为是危险的，当他再大一些就会懂得并且记住你的警告。

**提醒妈妈**

## 让宝宝记住危险的好办法

**在保证安全的前提下，让他尝试一下危险的后果，比如在你的保护下，摸摸盛有热水的杯子，这样他才会真正懂得什么是“烫”。有趣的是许多妈妈都承认，这一招“体验”非常有效。当然，体验必须是在安全的范围内。**

# 12~24个月

- **让危险品远离宝宝的活动范围**

在这个年龄，宝宝的行动能力远远超出他的理解能力。他缺乏对危险的感知力，自我控制力也不够，一旦发现有趣的事情，他还不能控制自己。好奇心可能把他带到冰箱底部的隐蔽处、贮藏柜还有水槽底下，去触摸甚至品尝一些东西。因此你要把家里潜在的危险物品事先收起来，或者挪到宝宝碰不到的高度。尝试使用一些安全用品，将宝宝能接触到的柜子和抽屉锁起来。

- **警惕"小小模仿者"**

小孩子都是非凡的模仿者，他们看到妈妈吃药，自己便试图模仿；看到爸爸使用剃须刀也会试试。不幸的是，他们对因果关系的理解并不像他们的模仿能力那样成熟。宝宝可能已经意识到，使劲拉绳子会把铁块拉下来砸到自己的脑袋上，不过，他还

**提醒妈妈**

## 关注宝宝的成长变化

**在宝宝的每一个年龄段，你必须考虑可能出现的危险以及消除危险的措施。随着宝宝一天天成长，你必须不停地问：**

- 他能够爬多远了?
- 爬行速度是多少?
- 他能够到多高?
- 什么物体会吸引他?
- 什么事情是他昨天不会做，但是今天已经会做的?
- 他明天又会做哪些今天还不会做的事情?

没有能力去预测许多行为的结果，这些能力还需要好久才能具备。你要警惕宝宝的模仿行为，避免事故的发生。

## 2岁以上

**● 制定安全规则并坚持执行**

宝宝到了2～4岁会慢慢地形成自我意识，但这种自我意识具有明显自我中心的特点，即只想到自己而看不到周围环境。这种自我意识使他在出现事情时只考虑自身。比如，如果他的球滚到了马路上，他可能只考虑要去拿回这个球，而考虑不到自己可能被汽车撞到。

这种意识的危险性是显而易见的。宝宝往往相信他们可以控制事情的发生，这种奇幻思维会使危险加剧。比如一个4岁大的宝宝划一根火柴，因为他想制造昨天晚上在电视中看到的那种烟火。他可能不会想到，火会失去控制。即使他想到了这一点，也会漠视这个想法，因为他认为不应该发生这种情况。对这个年龄段的宝宝来说，这些是完全正常的。不过，你必须对宝宝的安全加倍小心，直到他度过这个阶段。你不能指望2～4岁的宝宝完全明白，他的行为会给他自己以及别人带来危害。比如他可能向同伴扔沙子，也许是因为这件事让他开心。不管是哪个原因，总之他都很难理解为什么同伴不喜欢这个游戏。

由于上述原因，你必须制定与安全相关的规矩并始终如一地执行。向宝宝解释规矩背后的原因："你不能随便扔石头，因为会伤害你的朋友"；"不要跑到马路上，因为会被汽车撞到"。不过，不要期望这些理由能够容易地说服宝宝，也不要期待他一直记得规矩。每次宝宝违反规矩的时候，要把这些规矩重申，直到他明白不安全的行为是不被接受的。对于大部分宝宝来说，就算是最基本的安全规则，也需要重复十几次才能记住。所以，做父母的一定要有耐心！

**安全检查清单**

## 两岁以内最常见的意外

0 ~ 6 个月（会翻身，开始伸手触摸）
- □ 翻出婴儿床
- □ 从桌子或婴儿椅上掉下来
- □ 烫伤：热咖啡、热茶或热水
- □ 车祸：没用儿童汽车安全座椅或使用不当

6 ~ 12 个月（会爬，开始学走）
- □ 玩具伤害：锋利的边缘、细绳，以及可能被宝宝吞下的小零件
- □ 从高脚椅上摔下来
- □ 摔倒时撞到尖锐的桌角或台阶
- □ 被香烟烫伤
- □ 抓东西引发的意外：被热水烫伤，被破碎物体割伤
- □ 学步车或折叠式婴儿推车引起的事故
- □ 车祸

1 ~ 2 岁（会走路，开始到处探索）
- □ 爬高时受伤
- □ 误食有毒物品
- □ 探索时的意外：橱柜、药品柜
- □ 溺水：水池、水塘、浴缸、马桶
- □ 割伤
- □ 车祸：安全气囊导致

第二章

# 一岁以内宝宝的安全

期待了十个月，宝宝终于到来了，身为父母，你必须了解自己的宝宝，为他的健康成长创造一个安全的环境。本章将为你介绍宝宝一岁以内最常见的安全问题。

怀孕的时候总是觉得日子过得很慢，预产期好像永远不会来临。现在，期待了十个月，宝宝终于到来了，每一件事情都过得那么快。尽管刚出生的宝宝可能看起来皱皱巴巴，像个小老头，但是你的心还是被这个小家伙融化了。在感受了激动、欣喜、泪水等等之外，身为父母，你必须了解自己的宝宝，为他的健康成长创造一个安全的环境。

这最初的一年，是宝宝从妈妈子宫内到外界生活的适应期。由于这段时期宝宝各系统脏器功能发育尚未成熟，免疫功能低下，体温调节功能较差，因而需要父母更加精心的呵护。

本章将为你介绍宝宝一岁以内最常见的安全问题。首先，你必须在宝宝出生前就进行一次安全大检查，看看你为宝宝准备的婴儿用品是否存在安全隐患。无论是摇篮、婴儿床、床上用品还是衣服，都必须仔细检查，并且了解正确使用安抚奶嘴的安全要点。然后你要去仔细认识自己的宝宝，学会正确的护理方法。在给宝宝洗澡、抱宝宝时，你都要遵循安全法则，以免发生意外。你要绝对避免“手套宝宝”和“摇晃婴儿综合征”等悲剧，必须提高警惕，随时关注宝宝的健康危险信号。

# 宝宝出生前的安全大检查

经过十个月的希望和想象，宝宝终于要来到这个家了。在他出生前，再次检查你的家，确认你为宝宝准备的一切是否安全。

## 摇篮

尽管摇篮的使用时间很短，但还是没有什么婴儿用品能够比那种怀旧摇篮更迷人的了。新生儿的发育非常快，为了最安全地使用宝宝的第一张小床——摇篮，你在购买前应该注意以下几点：

- 摇篮的底部必须足够结实，不能存在垮掉的可能性。
- 材料光滑，没有突出的硬物，不带有任何含铅油漆。
- 摇篮要有结实的底垫，且尺寸合适，可以拆洗。
- 底座必须足够宽大，稳定性要强，这样它才不容易被撞翻。如果摇篮腿是可折叠的，注意使用过程中需要一直将折叠腿打开并固定。
- 等宝宝满月后，最好就不要继续睡在摇篮里了。

## 婴儿床

新生儿每天的睡眠时间约为 20 个小时，第一个月的大部分时间是在婴儿床里度过的，所以婴儿床必须是一个完全安全的环境。购买时要注意：

- 结实，带有大小合适的褥子（预防宝宝的手脚卡在床栏和床垫之间的缝隙中）。
- 床上没有缺失松动或者安装不当的螺丝钉等部件。
- 床板条之间的缝隙不得超过 4 厘米（防止宝宝的身体被卡在中间）。
- 没有缺失或者裂缝的板条（防止宝宝跌落摔伤或者其他类型的事故伤害）。
- 头顶板和脚底板没有凹陷（防止宝宝的头部陷入）。

## 床铃

床铃是宝宝肯定会喜欢的物件，挑选一个色彩鲜艳、造型可爱的音乐床铃吧。

● 购买床铃的时候，一定要弯下腰来再抬头挑选，这样才能知道宝宝从躺着的角度看它是什么样子。避免购买只是侧面和上面比较漂亮的床铃。

● 当宝宝可以自己坐起来之后，就应该把床铃取走，否则宝宝很容易把它拽下来导致受伤。

● 严格按照说明书安装床铃，确认是否牢固，以免掉下来砸到宝宝头部。

● 如果床铃能发出音乐，注意声音不能太尖锐，音量要可调节。

## 床上用品

记住，宝宝最安全的睡姿是靠自己的背部平躺，千万不要用毛绒绒的靠枕或者蓬松柔软的被褥、弹簧床垫等。拿走床上所有的枕头、软垫及其他像枕头一样的柔软物品，因为这些物品很可能会在宝宝睡觉时堵住他的脸部，使他无法呼吸。对小宝宝来说，尤其是 3 个月以内的宝宝，自己还没有力量挪开身体，所以容易出现窒息危险。因此请注意：

● 最好用较硬的床垫，床罩和床单要紧紧裹在床垫上。

● 不要给宝宝使用枕头。

● 不要使用过大、过软的被子，可以考虑给宝宝挑选一个大小合适的睡袋。

## 宝宝的衣服

给新生儿选衣服时，要注意舒适、穿脱方便和安全。2008 年，中国出台了首部专门针对婴幼儿服装服饰安全的行业标准——《婴幼儿服装标准》。

- 宝宝衣服的附件，如拉链、钮扣、装饰扣、金属附件等，应无毛刺和锐利边缘，洗涤和熨烫后要不变形、不变色、不生锈。尤其是拉链的拉头不可脱卸，并且小附件必须要牢固。
- 缝制钮扣时，国家规定细线每孔不少于 8 根线，粗线每孔不少于 4 根线，缝制要牢固，以避免宝宝吞食。
- 套头衫最大领围大于 52 厘米，领口和帽边不允许使用绳带，其他部位上的绳带外露长度不得超过 14 厘米。这一点很重要，不然万一绳带缠绕在宝宝的脖子上，极易引起宝宝窒息或勒伤宝宝幼嫩的皮肤。
- 印花部位不允许含有可掉落的粉末和颗粒，绣花和手工缝制装饰物不允许有光片和颗粒状珠子，以防划伤或被宝宝误吞引起窒息。
- 甲醛含量必须小于或等于每千克 20 毫克。衣物选购的时候，尽量避免选择有印花和绣花的衣服，这些装饰相对其他部位比较容易出现甲醛超标的情况。降低甲醛含量的方法是，用 40℃左右的水浸泡衣服 1 小时，然后洗净，可以有效降低甲醛的含量。
- 选择购买浅色衣服。如果买深色，尽量避免黑色和大红，这是两种最容易产生掉色的颜色。新衣服买回家一定要洗过后再给宝宝穿。

同事送了团团她儿子用过的手推车。幸亏团团爸仔细检查了一遍，发现遮阳棚那里少了个螺丝，及时固定住，否则掉下来砸到孩子就晚了。

——团团妈（团团，2岁3个月）

安全检查清单

## 使用二手婴儿用品的安全原则

几乎每个新生儿宝宝，都会收到亲友赠送的二手婴儿用品。在使用之前，一定要进行安全检查。因为这些旧的用品可能已经有损坏或丢失的部分，而且往往已经没有包装。还要注意有些旧的婴儿用品很可能会携带病毒、寄生虫、病菌等。如果打算给宝宝使用旧的婴儿用品，那么要注意以下原则：

□ **注意卫生**

尽量用开水烫洗，并放在太阳下晾晒，有助于消毒。

□ **仔细检查零部件**

使用旧玩具、旧餐椅、旧家具或其他二手婴儿用品前，要仔细检查它们有无损伤或缺失。它们所附属的带子、绳索、安全带，不要长于18厘米。

□ **拒绝三手、四手用品**

选择二手用品时一定要保证使用的东西状况良好，比如，它没有被其他宝宝当作玩具来摆弄过，因为这样常常导致产品的磨损。有时候从一家传到另一家的产品质量可不怎么样，所以三手或四手的用品就不用考虑了。

□ **检查旧衣服**

旧的婴儿服装和床上用品使用前要先洗净，并检查上面的纽扣、线头等是否牢固，如果有松动要固定后再给宝宝穿。

□ **关注新安全规定**

关注国家最新颁布的产品安全标准，拿到旧婴儿用品时一一核对。

□ **小心有毒玩具**

出厂10年以上的金属或带油漆的玩具，可能带有一些有害物质，比如铅，不要给宝宝玩。

# 新生宝宝的护理安全提示

第一次面对粉嫩可爱的小宝贝，你甚至连手指头都不敢碰他一下。那日常护理该怎么办呢？如何做到既保证宝宝安全，又让宝宝舒适干净呢？

## 头发

宝宝出生后头上可能会有一层白色油腻的头垢，应及时去除。先把婴儿油涂抹在消毒过的纱布上，将纱布敷在宝宝的头垢处。过 10 分钟，等头垢软化后，使用新生儿专用发梳配合婴儿专用浴液，轻轻刷去宝宝的头垢。这种刷子的毛很软，使用起来比较安全。

**安全提示** 不要试图一天就能够把头垢去除掉，宝宝头上的头垢需要慢慢地多清洁几次。千万不要用手或除了婴儿专用发梳以外的其他工具清理头垢，否则很容易刺激宝宝娇嫩的皮肤，从而引起皮肤感染。

## 眼睛

新生儿的眼睛非常娇嫩，处理不好很易受到感染，父母千万不能忽视。帮宝宝擦洗眼睛之前必须认真洗手，然后用消毒纱布（或者干净的洗脸小毛巾）蘸上温水，从眼睛的内侧向外侧轻轻擦拭。

给宝宝洗脸、洗脚、洗屁股的毛巾要分开。毛巾洗完后最好在太阳下暴晒，以彻底杀灭细菌。

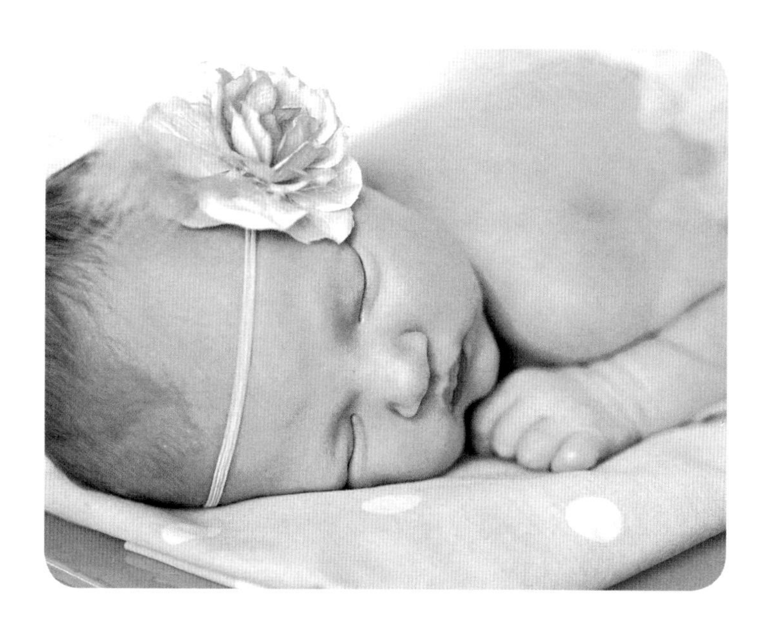

最好不要用棉签清洗眼睛，因为你可能会掌握不好力度而使宝宝的眼睛受到伤害。

## 鼻子

新生儿的鼻道很窄，毛毯或者衣服上的棉球、灰尘、香水或者感冒等都会让他感到不舒服。正确地清理鼻子对于宝宝来说确实很重要。新生儿鼻子堵的时候，不要用手抠。用干净的纱布卷成能够伸进宝宝鼻子的长条，用纱布长条伸进宝宝的鼻子，旋转地卷出来。宝宝的鼻粘膜很薄，容易受到伤害，所以，最好随着旋转的动作，轻轻地转出堵鼻子的脏东西。

**安全提示** 鼻痂比较厚的时候，可以抹一点植物油，润滑后再带出来。

## 脐带

脐带的清洁要彻底，保持脐带干净，防止尿液污染，避免脐带感染。清洁脐带时先将宝宝的尿布向下拉，使脐部暴露充分以便于操作。用棉签蘸着 75% 的酒精旋转着擦拭脐带根部，最大程度地进行消毒。每天 3 次左右，最好在洗澡后进行。

**安全提示** 用过的棉签不要重入酒精瓶再“回笼”，应该扔掉再换一根。如果脐部发红、局部有带血的分泌物，同时伴有宝宝体温升高，要及时去医院。

## 指甲

妈妈要及时为宝宝剪指甲，以防他可能划伤自己。不要把你的指甲钳给宝宝用。给宝宝剪指甲最安全的东西，就是婴儿指甲锉。拿着指甲锉，将宝宝所有的指甲来回锉一遍，每个地方都要磨平。

如果用婴儿指甲钳的话，为了避免你使用不熟练、容易晃动而出现剪到宝宝皮肉的情况，最

我喜欢用婴儿指甲剪给女儿剪指甲，剪的时候注意最好剪出弧度，这样就不会留下毛刺，以免划伤宝宝。

——果果妈（果果，1 岁 8 个月）

好把你的双肘固定在一个平面，比如双腿上，然后小心剪。最好的方法是趁宝宝睡着的时候修剪他的指甲。

## 臀部

红屁股重在预防。宝宝娇嫩的皮肤，沾上尿便后，又被纸尿裤紧紧包住，就很容易出现红屁股。换尿布时，先用婴儿湿巾将宝宝臀部从前往后擦干净，再用温水冲洗干净。用柔软毛巾将水分沾干，而不是擦干。

**安全提示** 无论是换纸尿裤还是清洁宝宝的臀部，都要把需要的工具提前准备好，放在触手可及的地方。否则在你转身取物时，很可能发生宝宝坠地的危险。

# 小心“手套宝宝”的悲剧

**新闻链接：**2010 年年底，刚刚出生才 10 天的贝贝，因为戴手套导致手部肌肉坏死，住进了儿童医院。当时孩子的整个右手已经变成了紫红色，凉凉的。据了解，家长怕孩子被自己的指甲抓伤脸，将袜子套在孩子手上，并用带子扎紧。结果带子系得太紧，导致孩子手部缺血。经过医务人员一个月的救治，孩子终于幸运地保住了小手。类似这种“缠绕伤”，比如宝宝被袜子里的线头缠住脚趾而发生坏死被截去脚趾，这样的病例在儿童医院并不少见。

所谓“缠绕伤”是指因丝线等缠绕导致的血液不通，组织坏死。婴幼儿“缠绕伤”极易造成截肢的后果，导致终生残疾。为了避免“手套宝宝”的悲剧，减少“缠绕伤”，父母们要尽量为宝宝选择安全的衣服，并且勤剪小指甲。

## 如何为宝宝选购安全的衣服

在为宝宝选购衣服时，注意不要购买那些脖颈、胳膊及腿部比较紧的衣服，以及带有领带、领结和绳子的衣服。选择袜子时，不要挑袜口过紧、筒过长的袜子。宝宝的脚踝很短，小腿也很粗短，因此袜筒不宜过长，短短的一截即可。袜子的松紧口要宽一些，松紧适度，撑开套在宝宝脚踝处不会勒肉。袜子应该稍稍大一点，不影响局部组织的血液循环。

新袜子买回来以后要把袜子翻过来，剪掉里面所有的线头，防止线头缠住脚趾引起血液循环不畅。许多提花形成的线也应当小心。挑选宝宝袜最费功夫的地方是袜头和袜底，应挑选接缝密实牢固、袜头袜底厚实的袜子。

## 如何呵护小指甲

千万不能因为怕宝宝抓伤自己而给宝宝戴手套，正确的方法是经常给宝宝剪指甲。最好选择在宝宝睡觉时剪指甲，可以有效避免因为宝宝乱动而造成的伤害。给宝宝剪指甲时，妈妈一定要抓牢宝宝的手指。要知道假如妈妈抓得不牢，宝宝总是乱动的话，他的小手很容易被指甲钳伤到。

宝宝专用指甲钳更适合修剪宝宝的指甲，有些宝宝专用指甲钳还配有放大镜，可以帮助妈妈在修剪时看得更清楚。剪指甲时妈妈要按照宝宝指甲的形状，尽量将指甲剪得圆滑，不要留尖儿。同时，注意不要剪得过深，剪好后的指甲最好能留有一道窄窄的白边。

安全提示 不要认为指甲剪短了就万事大吉，一定要在用指甲钳剪短指甲后，再用指甲锉将指甲尖修圆滑，以免宝宝抓伤自己。

# 安抚奶嘴的5个安全要点

事实证明，安抚奶嘴不会伤害宝宝，反而可以减少发生婴儿猝死综合症的风险。不过，为了最大限度地确保宝宝的安全，使用安抚奶嘴的时候，要注意以下 5 个要点。

1 不要将奶瓶顶部以及奶瓶奶嘴当做安抚奶嘴来使用，即使你将两者粘在一起也不行。如果宝宝使劲吮吸，奶嘴可能被从环上扯下来，噎住他。

2 买那种不会破碎的安抚奶嘴，由结实的整块塑料制成的奶嘴比较安全。

3 奶嘴和环之间的圆形护罩直径至少应有 4 厘米，这样宝宝就不会将安抚奶嘴整个吞进嘴里。此外，护罩应该由结实的塑料制成，上面应有通气口。

4 千万不要将安抚奶嘴系在婴儿床上或者是宝宝的脖子上、手臂上，这样是非常危险的，有可能造成伤害甚至窒息。

5 安抚奶嘴随着使用会慢慢老化损坏。要经常检查橡胶是否变色或者破裂。此外，遵循安抚奶嘴关于年龄的使用说明，因为年龄大一点的孩子往往会将奶嘴整个塞进嘴里，造成窒息。

# 抱宝宝的安全技巧

新生儿出生后，脖子比较软。大人抱起时稍有不慎，就可能造成头颈过度伸屈。在抱宝宝的时候一定要注意安全技巧。

## 安全抱宝宝

- **扶住身体和颈部**：在搬动宝宝时一定要安全地扶住他的身体和颈部，不要让他的头向下耷拉，也不要让他的四肢任意向下垂着。
- **把宝宝放回床上**：用一只手托住宝宝的头，另一手托住他的臀部，慢慢地把他放下。接着，先抽出托住宝宝臀部的手，用这只手去稍稍抬高他的头部，使你的另一只手能够轻轻地抽出，最后用你的双手轻轻地把他的头放在床上。

## 换个姿势抱宝宝

学会了安全抱宝宝的技巧，你习惯用什么姿势抱宝宝呢？宝宝睡着时、醒着时还是累了时，你都还在用同一个姿势抱宝宝吗？小宝宝的颈椎发育还不完善，脖子比较软，所以抱宝宝也是需要具体情况具体分析的。

**宝宝困了时：躺在妈妈臂弯里**

当宝宝开始表现出注意力不集中、没有精神，并不停地揉眼睛、打哈欠时，妈妈就应该意识到宝宝想要睡觉了。为了让宝宝舒适地入睡，妈妈最好尽量用臂弯给宝宝架设一张舒适的小床。妈妈一只手臂弯成半圈状，让宝宝的头枕在你的臂弯处，身体躺在你的手臂上。另一只手从宝宝两腿下穿过（如果是月龄较大、身长较长的宝宝，也可从宝宝两腿间穿过）托住小屁股。可稍将宝宝的身体向妈妈的身体内侧倾斜，以减少外界刺激对宝宝的干扰。

**宝宝哭了时：趴在妈妈怀里**

宝宝哭闹时，妈妈可以试着让宝宝趴在怀里。一只手张开托住宝宝的小肚肚，另一只手扶住宝宝的大腿根。哼唱一首简单的童谣，并和着节奏轻轻摇晃宝宝，坚持一段时间，慢慢让宝宝安静下来。这种方法对因为肠绞痛而哭闹的宝宝也十分有效。

**宝宝醒着时：面向外竖抱**

面向外竖抱是最有利于宝宝眼观六路、耳听八方的姿势。只要是能够自主抬头的宝宝，在宝宝睡醒，精神很好的时候，妈妈都可以选择这种姿势抱宝宝。妈妈一只手托住小屁股，另一只手从宝宝胸前环过，搂住宝宝。这样宝宝就仿佛坐在妈妈手上一样舒适，并能够保证视野的最大化，广泛感受来自各个方位的视觉和听觉刺激。这种抱姿使宝宝的视野范围和妈妈的视野范围保持一致，也有助于妈妈随时将自己看到的景象描述给宝宝。“快看宝贝！前面飞来一只小鸟！”“马路对面有红绿灯，过马路时要注意看！”等等。

**宝宝累了或情绪不好时：面向里竖抱**

当宝宝累了或情绪不好时，嘈杂的外部环境会使宝宝感到有压力，来自周围的视听觉刺激也会让他感到疲劳。妈妈可以选择将宝宝面向里抱，最大限度缩小宝宝的视野范围，减少外界刺激。妈妈一只手托住小屁股，另一只手轻轻抚摸宝宝的后背，让他的情绪逐渐平复。宝宝靠近妈妈的胸口，可以听到妈妈的心跳声，这种熟悉的声音可以给他带来安全感，感到温暖和舒适。

# 警惕：摇晃婴儿综合症

大力摇晃宝宝是一种严重的错误，最常见于 1 岁以内。这种行为可以在没有外部损伤迹象的情况下造成头或脑的损伤。在被摇晃时，宝宝几乎没有固定头部位置的能力，所以大脑不断撞击颅骨，会造成内出血，甚至造成死亡。

2002 年至 2007 年间，瑞士共发现 50 个婴儿由于被父母或看护人员摇晃而令大脑受到损伤。经过 5 年监控得到的数据显示，责任人中有四分之三为男性。当宝宝不停啼哭时，父母或看护者容易失去控制，通过摇晃宝宝来使其停止嚎哭。但这可能造成永久性神经损伤，甚至导致死亡，因为宝宝的颈部肌肉尚未完全发育，无法承受这种晃动。

## 剧烈摇晃宝宝的后果

剧烈摇晃引起的头部损伤会造成很多严重伤害，包括眼部损伤、脑损伤、脊柱损伤。你的宝宝出现易怒、昏睡、发抖、呕吐、癫痫、呼吸困难、昏迷等状况时，如果你怀疑宝宝的看护者曾摇晃或伤害宝宝，或者你或你的配偶一时失控做了这些事，应立刻带宝宝去看急诊。假如已经出现了脑损伤，不进行治疗只会让情况变得更严重，不要因为羞愧或恐惧而不敢带宝宝就医。

## 正确处理宝宝的哭泣

科学家发现哭泣是宝宝成长发育的一部分。一个宝宝可能每天哭泣 2 ~ 3 个小时。当宝宝啼哭的时候，父母可能马上摇晃宝宝试图让他停止哭泣。但这个时候父母可能也处于压力或情绪低落情境，有可能不由自主地将怒气发泄于剧烈摇晃宝宝。因此摇晃婴儿综合症多发生于父母情绪失控或生气时。

**当你照顾宝宝时，如果感到自己可能失控，最好采取以下方法：**

- 深呼吸，然后慢慢从 1 数到 10。
- 把宝宝放进婴儿床或其他安全的地方，离开房间，让他自己继续哭。
- 给朋友或家人打电话，寻求精神支持。
- 咨询儿科医生，也许宝宝是因为某种健康原因才哭泣。

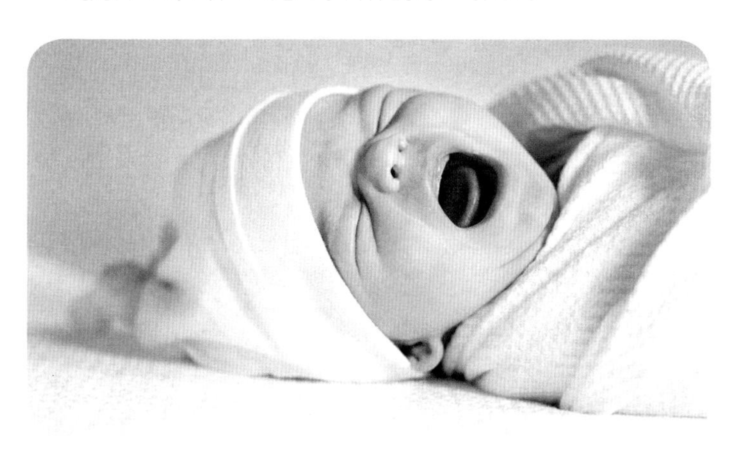

**提醒妈妈**

## 如何安抚哭泣的宝宝

带着宝宝去户外散步，检查他是否饥饿，衣服是否舒适，宝宝是否过冷或过热。给亲戚或朋友打电话倾诉，寻求帮助与支持。降低周围环境的噪音，将灯光调暗，给宝宝一个发声的玩具。

**安全检查清单**

## 警惕！新生儿必须关注的健康危险信号

对于未满一个月的新生儿来说，应该格外注意以下这些健康问题的危险信号，及时就医。

□ **呼吸困难**

正常情况下，宝宝每分钟的呼吸次数应该在20～40次之间。当宝宝的呼吸频率超过每分钟60次，或肋间隙开始向内凹陷、鼻翼扇动或严重咳嗽，就必须及时就医。

□ **腹泻**

腹泻的危险在于失水过多而造成脱水。如果发现宝宝的粪便非常稀软，而且大便次数明显增加，比每天喂养的次数（平均每天6～8次）还多，就应该去医院了。

□ **过度嗜睡**

因为每个宝宝需要的睡眠时间是不同的，所以很难区分你的宝宝是否真的过于嗜睡。如果宝宝突然间比平时睡得多，或总是一睡就超过5小时，不会自己主动醒来吃奶，就应该考虑去医院。

□ **发热**

对于这么小的宝宝来说，只要体温超过38℃，就应该去医院。因为宝宝在这个年龄段的发热往往提示受到了感染，很有可能引起更严重的疾病。

□ **发抖**

如果宝宝整个身体都在抖动，有可能因为他出现了低血糖或低钙血症，甚至也可能是某些癫痫发作的特殊形式。

□ **呕吐**

如果宝宝出现了喷射性呕吐（呕吐时呕吐物喷射出几厘米远，而不是从口腔里漏出），立即去看儿科医生，以确认他的胃和小肠之间的“闸门”是否发育异常。

第三章

# 宝宝的睡眠安全

无论对哪个年龄阶段的宝宝来说，睡眠都是对他们的发育与健康至关重要的一件事。本章将会告诉你关于宝宝睡眠的各种安全知识，以及怎样把宝宝送入安心甜美的梦乡。

无论对哪个年龄阶段的宝宝来说，睡眠都是对他们的发育与健康至关重要的一件事。睡眠影响着宝宝的发育、情绪、认知和行为，因此给宝宝一个安全的睡眠环境将会对他们的成长产生十分关键的影响。

宝宝处在睡眠中，大脑和身体细胞快速发育，而他们从食物中获得的热量也得以转换为能量，促进肌肉和身体组织的生长。睡觉时，宝宝的大脑还处于非常活跃的状态，以惊人的速度扩张，增强智力发育。

在本章里，将会教你如何挑选婴儿床，把安全性放在第一位。因为婴儿床是宝宝最初熟睡和生活的地方，是他的第一个“安乐窝”。如果和宝宝同睡一张床，也应该注意安全问题，学会正确的预防措施可以让宝宝和父母安全地睡在一起。宝宝睡着以后，要注意安全的睡眠姿势。一旦宝宝发生坠床意外，第一时间判断伤情，并及时处理。最后还要警惕“婴儿猝死综合症”，同时关注宝宝外出时的睡眠安全。

# 如何挑选安全的婴儿床

婴儿床是宝宝最初熟睡和生活的地方，种类非常繁多，爸爸妈妈常常不知道该选哪个好。事实上，婴儿床也是意外高发的地方，因此在选择婴儿床时，安全性应该被放在第一位。

## 床栏

● 检查床栏杆之间的距离，必须小于 4 厘米。因为宝宝喜欢把头从栏杆中间伸出来，间距大的话，头容易被卡住。

● 如果是可放下一侧床栏的那种婴儿床，当床栏拉起来时，一定要确保两侧的安全锁都锁死。

● 即使是刚出生的小宝宝，也必须保证床栏上缘高于床垫至少 66 厘米，以避免宝宝发生侧翻坠地。

## 床垫

● 床垫应该软硬适中，让体重为 3 千克左右的宝宝睡在床垫上，如果床垫被压下去的凹陷深度为 1 厘米左右，这样的软硬度即为合适。

● 床垫和床四周的空隙不超过 3 厘米，如果大于 3 厘米，说明床垫太小。床垫大小必须符合婴儿床内部尺寸，防止宝宝滑落到床和床垫之间的缝隙里。

● 新床垫表面包裹的塑料要全部去掉，因为它们容易引起宝宝窒息。

## 床围

● 床围要用 6 条以上绳子将其绑紧在床栏上，捆绑的绳子不得长于 15 厘米，避免绳子勒住宝宝脖子。

● 绝对不能用枕头类的软垫来替代床围。

## 床铃

● 如果在婴儿床上悬挂床铃，一定要确保安装正确牢固，以防掉下来砸伤宝宝。

● 确保悬挂高度足够，使宝宝无法伸手够到并将它拽下来。当宝宝已经能够依靠自己的双手或双膝爬起来的时候，就应该把床铃取走。

## 床的位置

● 婴儿床不应该放在窗户下面，不能靠近任何悬垂的窗帘绳，要远离任何宝宝可以借力能攀爬出婴儿床的家具。放婴儿床的地方要非常安全，即使宝宝跌出去，也不能碰到尖锐的物体，更不能被卡在床和邻近的家具之间。

● 不要在婴儿床的上方悬挂画、架子等物件，如果发生地震，它们会造成很大的危险。

# 安全的亲子同睡

**新闻链接：2009 年，南京一对年轻夫妇因为家庭琐事闹别扭，三个月大的儿子由丈夫搂着睡觉。他担心孩子受凉，将被子盖到婴儿头部，等他一觉醒来时发现儿子没有呼吸了，急忙送医院抢救。医生确诊婴儿因被子蒙头呼吸困难，窒息死亡。出现了这样的悲剧，显然是父母的失职。**

作为妈妈，和宝宝共享一张床是一种很美妙的经历。但是这种亲子同睡的方法，许多人都担心安全问题。跟宝宝一起睡的父母们常常担心在夜里翻身时会压到他们的宝宝。然而许多妈妈们都表示，即使是在睡着的状态下，她们在身体和心理上也能感觉到宝宝的存在。所以她们不太可能会翻身压到宝宝。如果真的压到了，宝宝会发出声音，妈妈就会立刻醒来。但是，爸爸却没有像妈妈一样的直觉，所以他们可能会因为翻身或是伸出一条胳膊而压到宝宝。以下的预防措施可以让宝宝和父母安全地一起睡：

1 **让宝宝平躺着睡。**这是比较安全的睡姿，能够有效减少“婴儿猝死综合症”的风险。

2 **不要让宝宝睡在爸爸妈妈之间。**最好把大床推到紧挨着墙的地方，让宝宝睡在妈妈与墙之间。宝宝在夜里可能会 360 度大翻身，如果睡在爸爸与妈妈中间，增加宝宝被压的危险。要确保床与墙之间没有任何缺口。把婴儿毛毯卷起来，堵住任何一个可能的缺口。

3 **服药后不要与宝宝同睡。**如果父母服用了一些会降低对宝宝敏感性的药物（如酒精或镇定剂等），千万不要和宝宝睡在一起。

4 **别让宝宝穿太多。**本来宝宝已经穿得暖暖和和地在自己的床上睡着了，后来又被抱到父母床上，靠近妈妈温暖的身体，宝宝就太热了。

5 **床要大，每个人都有足够的空间。**床太小或者睡觉的人太多，对于宝宝来说都不安全。

6 **最好给床加上床栏。**宝宝不大可能从大床上掉下来，因为当宝宝睡在爸爸或妈妈旁边时，宝宝会自动贴近父母身边。但还是要小心，当宝宝独自睡在大床上时，应该给床加上护栏。

提醒妈妈

## 亲子同睡的利与弊

对于那些选择亲子同睡的家庭来说，这种睡眠形式加强了父母和宝宝之间的感情交流，受益匪浅。但是，也有的家庭认为这样的睡法存在不少弊端。

**亲子同睡的弊端**

- 父母被吵醒的次数更多，宝宝每次翻身都会吵醒父母。
- 由于担心会压着宝宝，所以大人不能进行正常睡眠。
- 习惯亲子同睡的宝宝会抗拒独立睡觉。

**亲子同睡的好处**

- 晚上和宝宝睡在一起能减少父母的焦虑。
- 夜间喂奶更方便。
- 可能是亲子间的心灵感应，即使睡着了，父母和宝宝也能感觉到彼此，让大人和宝宝都睡得更加踏实。

# 宝宝掉下床怎么办

宝宝坠床是常见的儿童意外伤害。身为父母，我们应该了解学习以下紧急护理措施。如果发生这样的意外，在第一时间沉着应对，给宝宝最佳的保护。

## 头部损伤

宝宝头部相对身体其他部位比重较大，所以大部分宝宝从床上掉下来后都是头部着地。宝宝的头比较重而且稚嫩，头盖骨没有完全发育好，头部重心点较高，因此跌落后很容易造成颅脑损伤。常见的头部损伤是闭合性损伤，即头部表皮没有破裂口，但头颅内有损伤，家长一般多注重外表损伤，而忽略颅内的损伤。宝宝跌落后，碰撞到头部，家长应初步判断有无颅脑损伤，具体可参照以下表现：

**神志**：神志不清，短暂昏迷，大声叫宝宝名字时，他没有反应。

**精神**：精神差，反应慢，萎靡不振，面色苍白。

**呕吐**：呈喷射状，呕吐频繁。

**头痛**：自诉头痛，用手打头或指头。

**耳鼻**：流水、出血。

宝宝一旦出现上述现象之一，或父母不能判断有无颅脑损伤，应立即送宝宝去医院。

## 其他外伤：

- **擦伤**

伤情特征：伤口比较浅，渗血，出血量较少。

**安全提示** 首先把伤口表面的脏物、灰尘等用生理盐水或矿泉水清洗干净。再用络合碘或红药水涂擦伤口处。注意二者任选其一，不要同时使用。如果伤口比较小，最好直接暴露在空气中，创面保持干燥。如果伤口比较大，则用无菌医用纱布覆盖伤口。

● **血肿**

**伤情特征**：磕碰部位皮肤完整，但皮下组织有破裂。

**安全提示** 24小时之内，把冰块放入塑料袋中，外包毛巾敷在出现血肿的部位，切记不能揉、不能热敷，也不要用活血化淤的药敷，否则容易造成血管扩张加重血肿。如果家中没有冰块，外敷冷毛巾也可用来应急。

● **裂伤**

**伤情特征**：伤口大而深，出血不止。

**安全提示** 用无菌纱布、干净的毛巾覆盖在出血表面，紧急时也可用卫生巾替代，用手直接压迫止血。切忌用炉灰、牙膏等盖在裂口表面，不仅达不到止血效果，而且还会带入细菌造成感染。现场止血后，立即赶赴医院，时间拖延则伤口感染的几率增大，医生根据伤情决定是否需要缝合及打破伤风针。

● **骨折****（更详细内容详见第166页）**

**伤情特征**：剧烈哭闹，表情痛苦，骨折部位不能活动，拒绝触摸。局部肿胀、隆起、青紫、弯曲，甚至有异常的折角。

**安全提示** 用小夹板或硬纸板、筷子等坚硬、长条形的物品固定患肢，再用宽布条捆绑。固定的物品最好超过上下两个关节，才能起到完全的固定作用。转运躯干或下肢骨折的宝宝，应水平位抬起，最好放在木板上再送往医院，或由120急救车进行转运。

# 安全的睡觉姿势

宝宝每天的睡眠时间占50%以上,如何让他们睡得舒服、安全,甚至睡出美丽的头型，都是妈妈关心的大问题。俯睡、仰睡或侧睡？究竟哪种睡姿最安全、最科学？

## 俯睡

**安全指数：★★**

美国儿科学会建议，尽量避免俯睡姿势，应该让宝宝保持背部躺平。因为俯卧姿势会增加“婴儿猝死综合症”的风险，导致这一现象的原因目前尚不明确。可以明确的是，俯卧的宝宝从呼吸中获得的氧气量或者排出的二氧化碳量低于其他姿势。

**安全提示** 在学会自己翻身之前，宝宝俯睡可能会把脸埋在柔软的枕头或被褥中，阻碍口鼻的畅通，造成窒息的意外。

## 仰睡

**安全指数：★★★★★**

对于1岁以下的宝宝，尤其是半岁之前，建议采取仰卧睡觉的姿势。因为这种睡姿能让妈妈直接观察到宝宝的情况，如果溢奶或者脸色不正常，就能第一时间发现并采取措施。仰睡时宝宝四肢不受局限，放松自在。

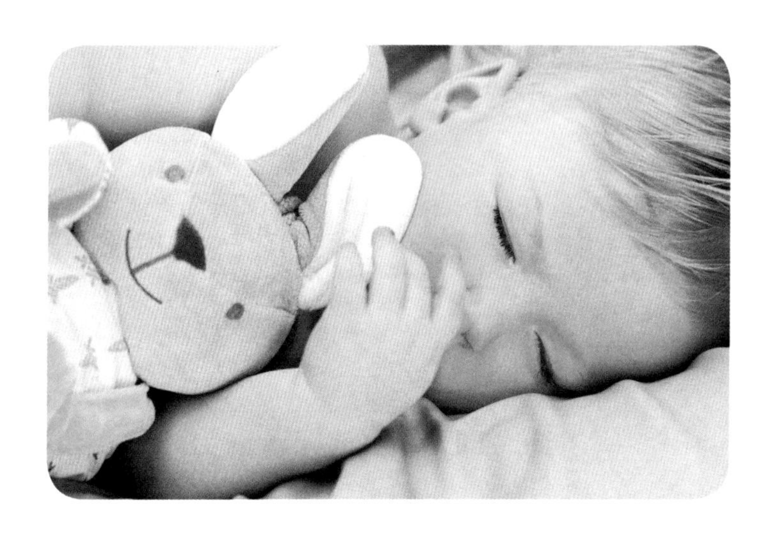

**安全提示** 胃的生理结构使仰卧时，胃容物容易回流食道，造成呕吐。吐出物不易流出口外，聚积在咽喉处，会呛入气管及肺，发生危险。所以在给宝宝喂奶之后，一定要为他拍嗝，不要直接放回床上。

## 侧睡

**安全指数：★★★**

右侧卧的睡姿对宝宝各重要器官无过分压迫，利于肌肉放松。如果溢奶，也会顺着一侧嘴角流出，不至于流入气管，导致呛奶窒息。

**安全提示** 为防止头形睡偏，对不会翻身的宝宝，最好每3小时翻身一次。侧卧还可改变咽喉软组织的位置，减少分泌物的滞留，使宝宝的呼吸更顺畅。

# 警惕：婴儿猝死综合症(SIDS)

据美国儿科学会的数据显示，美国大约有1/2000的宝宝在3～6个月的时候，会没有原因地在睡眠过程中猝死。而且这些宝宝通常都接受了良好的新生儿护理工作，并且没有任何明显的疾病症状。这种情况被称之为“婴儿猝死综合症(SIDS)”。关于SIDS，你必须知道以下这些常识。

## 造成SIDS的危险因素

俯卧睡眠是和婴儿猝死综合症关系较为明确的危险因素之一。除非儿科医生建议宝宝采用俯卧睡姿，否则就应该尽可能让宝宝用背部平躺仰卧睡觉。此外妈妈抽烟以及亲子同睡在一起，宝宝出现婴儿猝死综合症的风险也偏高。柔软的被褥、蓬松的枕头以及毛绒玩具都容易增加婴儿猝死的危险，所以这些东西不应该出现在宝宝的睡眠环境内。

## 关于SIDS的病因

关于婴儿猝死综合症的病因，目前有很多种理论，不过没有任何一种得到证实。受到广泛认可的一种理论是：某些宝宝大脑中负责睡眠觉醒的中枢发育迟缓，使得他们在某些情况下容易停止呼吸。如果宝宝偶尔出现呼吸停止或皮肤青紫的情况，必须及时去医院请医生检查。

## 如何避免 SIDS

让宝宝保持背部平躺的睡姿，这是避免婴儿猝死综合症的最佳保护措施。从 1992 年起，美国儿科学会开始建议婴儿在睡眠时应该保持仰卧睡姿，随之发生改变的是死于婴儿猝死综合症的宝宝数量已经下降了 50%。当宝宝长到 6 个月时，你会发现宝宝已经学会了在入睡时就选择用背部平躺的睡姿，睡眠过程中也会逐渐翻过身，这说明他对自己的头和颈有了一定的控制力。因此 6 个月之后，婴儿猝死综合症的发生率有了显著下降。

妈妈分享

带齐齐旅行住酒店时，我将婴儿床搬到紧靠大床的位置，小床靠外一侧用两把靠背椅挡住，又安全又省心。

——齐齐妈（齐齐，3岁2个月）

安全检查清单

## 宝宝外出旅行时的睡眠安全

□ **提前预订婴儿床**

提前给住宿的酒店打电话，询问是否提供婴儿床。为了在整个假期全家都得到放松和休息，最好给宝宝订一张婴儿床。

□ **检查婴儿床**

一般酒店的婴儿床不带护栏，所以在使用之前，仔细检查安全情况。可以向服务人员多要一条被子，将其卷成条状，挡在床边，防止宝宝坠床。如果成人的床边有足够大的地方，可以将婴儿床紧贴在大床边上，方便夜间随时看护宝宝。

□ **准备小夜灯**

带上一盏小夜灯，让宝宝更快适应陌生的环境，睡得更安心。

□ **带上小被子**

如果宝宝和父母睡在一张大床上，最好给宝宝带上自己的小被子或者睡袋。即使宝宝自己睡婴儿床，小被子也是有必要的。因为酒店的被子往往过大、过软，不适合宝宝用。

□ **地板上放枕头**

你可以地板上额外放一个枕头以避免宝宝掉下床后受伤，或者在地板上放一床被子，这样就不用顾忌宝宝乱滚了。

□ **固定的睡觉地点**

如果可能的话，试着在整个假期里让宝宝有一个固定的睡处。在海滩度过一周比在路上每晚更换不同的宾馆以及不同的婴儿床要好。如果你要探访好几个亲戚，可以考虑固定住在某一家里，只在白天和晚餐前去拜访其他的亲属。

□ **乘车时使用安全座椅**

如果开车旅行，必须让宝宝坐在汽车安全座椅内。宝宝在车内睡着后，注意调节汽车内的空调温度，小心宝宝出汗后吹空调感冒。

第四章

# 宝宝的喂养安全

吃是宝宝来到这个世界上的头等大事，看着宝宝吃得香甜是初为父母最高兴的时候。本章将告诉你关于宝宝喂养的安全常识。

民以食为天，吃，是宝宝来到这个世界上的头等大事，看着宝宝吃得香甜，长得壮壮的，是初为父母最高兴和自豪的时候。除了营养，你对宝宝的喂养安全了解多少？

在本章里，你会看到如何为宝宝布置一个安全的就餐环境，以及应该遵守哪些餐桌规则。其实从给宝宝喂奶开始，安全一直是最受关注的问题。记得为宝宝挑选一个安全的奶瓶，并学会正确的使用方法。如果宝宝已经满 6 个月，可以给他添加辅食了。面对市场中五花八门的宝宝餐具，作为父母应该了解不同材质餐具的优缺点，为宝宝把好安全关。宝宝吃的辅食，如果由妈妈亲手制作，不仅新鲜健康，还凝聚了浓浓的母爱，但是一定要注意卫生，以防引起宝宝的消化问题和疾病。因为吃了被细菌污染的食物，就会出现肚子痛、呕吐、拉肚子等症状，必须要了解一些关于食物中毒的小常识。此外，你还要掌握一些方法，帮助宝宝挑选尽可能安全的食品，避免那些容易造成窒息的危险食物。

# 餐厅里的 12 条“军规”

无论在家里吃饭还是外出就餐，宝宝都必须遵守餐厅里的规矩，从小就培养良好的就餐习惯。这样才能在保证安全的前提下，吃得营养又健康。

1 **餐椅不用时要向里推，让椅背紧靠桌边。**不要把椅子从桌子下拉出来，刚学走路的宝宝可能会顺着椅子向上爬。

2 **确认桌子的稳定性。**不要选择那种只在中间有一个支柱的桌面，因为如果宝宝压在桌子一边，这种桌子更容易翻倒，所以最好选择有四个桌腿的桌子。

3 **警惕折叠桌和折叠椅。**保证桌椅打开以后有锁死装置。桌椅不用时，必须折叠起来或放到别处，以免对宝宝造成伤害。

4 **蹲下来以宝宝的高度检查所有桌椅的底面。**检查有没有突出的钉子、尖利木片和粗糙的边沿。

5 **将瓷器、玻璃器皿等易碎物品收进柜子里。**注意一定要把柜门关紧，用安全锁锁上。

有一次桃桃坐在餐椅上吃饭，我偷懒没有给她系安全带。在我离开去厨房的几分钟，她居然自己从椅子里挣脱站起来了，差点从餐椅上栽下来。

——桃桃妈（桃桃，两岁）

6 **餐桌上不要铺桌布。**宝宝会把桌布连同上面的所有东西都拽下来，结果可能砸在宝宝头上，或者被桌上的热水烫到。

7 **吃饭时不要逗宝宝笑或者惹哭他。**创造一个安静的进餐环境，让他专心吃饭。吃饭时大笑或者哭都容易使宝宝将食物吸入气管，引起窒息。

8 **应该给宝宝使用有带子的围兜或反穿吃饭衣。**这些不会被宝宝拽下来，如果随意使用毛巾或餐巾围在宝宝胸前，一旦被拽下来，有可能连带打翻桌上的热汤，从而烫伤宝宝。

9 **不要将热汤、热粥、热水瓶等放在桌边。**如果宝宝能伸手抓到，碰倒后会烫伤他。

10 **吃饭时不要让宝宝玩筷子。**因为他会学大人的样子把筷子放到嘴里，一不小心就会造成口腔、上腭及咽喉部等处受伤。

11 **不要给宝宝吃带核、带刺、带骨的食物。**避免不慎吞到气管中发生意外。

12 **餐厅及厨房应经常保持清洁卫生。**严防蚊蝇、蟑螂、老鼠等污染食物。

# 挑选安全的奶瓶

奶瓶是宝宝出生以后不可或缺的生活用品，奶瓶的材质、设计和安全是每个妈妈都关心的问题。究竟如何选择一款安全的奶瓶呢?

## 一望、二闻、三捏

**望：观察奶瓶的透明度**

无论是玻璃还是 PC 材质的奶瓶，优质的奶瓶透明度都很好，可以看清瓶内的奶或水，瓶上的刻度也十分清晰、标准。

**闻：闻奶瓶的气味**

劣质的奶瓶，打开后闻起来会有一股难闻的异味，而合格的优质奶瓶是没有任何异味的。

**捏：测试奶瓶的硬度**

优质的奶瓶硬度高，手捏也不容易变形。质地过软的奶瓶，在高温消毒或加入开水时会发生变形，还可能会出现有毒物质渗出。

## 奶瓶的材质

- **玻璃：**玻璃奶瓶材质安全，耐高温，不易被刮伤，易清洗，使用寿命较长。但瓶身较重，易碎，更适合在宝宝需要妈妈拿着奶瓶喂奶的阶段使用。宝宝能够自己捧着奶瓶喝的时候，可以选择更耐摔的塑料奶瓶。

● **塑料：**塑料奶瓶的材质轻便，容易携带，也不容易摔碎，适合外出时使用。当宝宝自己能捧着奶瓶喝奶时，最好使用塑料奶瓶。缺点是瓶身容易被刮伤，没有玻璃奶瓶易清洗。

自从欧盟于 2011 年 3 月 1 日开始禁止生产含双酚 A 的塑料奶瓶后，国内的许多妈妈也开始关心塑料材质的安全性问题。塑料在加热时，双酚 A 能析出到食物中，可能扰乱人体代谢过程，对宝宝的发育和免疫力有不良影响，甚至致癌。选择奶瓶时，注意包装上是否标注不含双酚 A，或者查看奶瓶底部的代号，不要选择标有“PC”代号的奶瓶。

# 喂奶的卫生安全

也许给宝宝喂奶是每个妈妈做得最多、也是最甜蜜的一件事。如何保证喂奶的卫生安全，预防“病从口入”呢？

## 母乳喂养

- 给宝宝哺乳前，妈妈最好清洗双手。
- 做到每天清洁乳房，并及时更换胸罩。
- 容易溢乳的妈妈，可使用一次性乳垫，并及时更换。
- 吸奶器要每天清洗消毒，不要在吸奶器中存储母乳。
- 挤出的母乳要放入洁净的专用储奶袋或奶瓶中冷却，然后放进冰箱冷藏或冷冻存储。

**妈妈 TIPS：** 母乳保存“333”原则：

室温保存：3 小时　　冰箱冷藏室保存：3 天　　冰箱冷冻保存：3 个月

## 配方奶喂养

- 奶粉开封后要密闭保存。袋装奶粉用密封夹夹紧，罐装奶粉要将盖子盖严。
- 每次取用奶粉时，要用干净的勺子。
- 冲调配方奶的奶瓶要洁净。
- 要用晾凉至 40℃左右的温开水冲调配方奶。
- 每天将奶瓶集中消毒一次。

# 使用奶瓶的安全方法

使用奶瓶喂奶时，错误的方法会导致宝宝呛奶，甚至窒息。为了保证宝宝的健康和安全，必须掌握正确的方法。

**安全方法 1** **喂奶前试温度**

喂奶前必须先洗净双手，然后取出消毒好的奶瓶、奶嘴，注意奶嘴不要随意放置桌上。正确的方法是应该让奶嘴竖直向上放在干净的容器里，不要弄

脏奶嘴。按照比例配好奶粉后，拧紧瓶盖，上下摇动几下，让奶粉溶化。不要摇晃过度，否则会产生过多泡沫，使宝宝吸入空气。接着将奶瓶倾斜，滴几滴奶液在手背上，试试温度，感觉和体感温度相同，不烫即可。奶液滴落的速度以不急不慢为宜，每秒钟一滴。

安全方法2 **合适的倾斜角度**

妈妈选择一个让自己舒服、稳当的坐姿，一只手把宝宝抱在怀中。宝宝上身靠在妈妈的肘弯里，让手臂托住宝宝的臀部，使宝宝整个身体约呈 45 度倾斜。妈妈的另一只手拿奶瓶，用奶嘴轻触宝宝口唇。这时宝宝会立即张嘴含住奶嘴，开始吸吮。

安全方法3 **不要吸入空气**

宝宝吃奶时，奶瓶的倾斜角度要适当，要让奶液充满整个奶嘴，避免宝宝吸入过多空气。如果奶嘴被宝宝吸瘪，可以慢慢将奶嘴拿出来，让空气进入奶瓶，奶嘴恢复原样后，再让宝宝继续吃奶。

安全方法4 **奶嘴孔大小适宜**

注意观察宝宝吸吮的情况，如果吞咽过急，可能奶嘴孔过大。如果宝宝吸奶很费力，吸了半天也未见减少多少奶量，就可能是奶嘴孔过小。根据宝宝的月龄，选择合适的奶嘴。一般奶嘴上都会标注适合多大的宝宝，比如新生儿、3 个月以上、或者 6 个月以上，购买时要特别注意。

**安全方法5** 每天消毒奶瓶

防呛奶瓶含有细小配件，容易藏污纳垢，可用消毒棉签蘸水清洁。宝宝每次吃完奶后，奶瓶及奶嘴要立即用奶瓶刷仔细刷洗，并用流动水冲干净。每天消毒奶瓶一次，可用消毒锅或开水煮。奶瓶消毒后要倒置在干净的毛巾上，让其自然干燥。

**安全方法6** 喂奶后要拍嗝

给宝宝喂完奶后，不能马上让宝宝躺下，应该给他拍嗝。首先把宝宝竖直抱起，靠在肩头，轻拍后背，让他打个嗝，排出胃里的空气后再躺下，以避免吐奶。不要把不会坐的宝宝放在床上，让他独自躺着用奶瓶吃奶。这样做非常危险，宝宝可能会呛奶，甚至引起窒息。

# 为宝宝的餐具把好安全关

面对市场上五花八门的宝宝餐具，作为父母，该如何选择呢？为了让宝宝吃得更安全、健康，在购买餐具时，应了解不同材质餐具的优缺点，为宝宝把好安全关。

## 1. 陶瓷餐具

**环保指数：**★★★★☆　　**耐摔指数：**☆

**性价比：**★★★

**优点：**陶瓷餐具是大人们主要使用的餐具，比较环保，而且还有不生锈、不腐朽、不吸水、易洗涤等优点。

**缺点：**陶瓷的最大缺点是易碎，有可能伤害到宝宝。此外在选择时要尽量避免釉上彩的餐具。因为这种工艺使得彩釉暴露在餐具表面，而彩釉中可能含有铅，酸性食物可以把彩釉中的铅溶解出来，与食物同时进入宝宝体内。宝宝对铅的吸收性比较强，容易危及健康。

**妈妈 TIPS：** 识别釉上彩的方法很简单，选择那些表面光滑、摸不出花纹感的陶瓷餐具比较好。

## 2. 密胺餐具

**环保指数：**★★★☆　　**耐摔指数：**★★★★

**性价比：**★★★★☆

**优点：**密胺餐具又称仿瓷餐具，由密胺树脂粉加热压制成型。不仅轻巧、耐摔，而且耐低温、耐煮，适合用做宝宝餐具。

**缺点：**由于密胺粉的价格较高，有些不法厂商直接用脲醛类的模塑粉为原料来生产，这种餐具对人体有害，会有大量三聚氰胺分解出来。

**妈妈 TIPS：**　正规密胺餐具的底部应该有企业详细信息及生产许可证 QS 标志和编号。有颜色的餐具可用白色餐巾纸来回擦拭看看是否褪色。餐具买回家以后用开水煮半小时，晾半小时后再煮半小时，反复 4 次，若有发白和黑点，则是质量不过关的次品。

## 3. 不锈钢餐具

**环保指数：**★★★★★　　**耐摔指数：**★★★★★

**性价比：**★★★☆

**优点：**好擦洗，不容易滋生细菌，化学元素少。

**缺点：**导热快，容易烫手，如果重金属含量不合格会危害宝宝健康。由于不锈钢耐酸性差，所以不能长时间盛放例如菜汤之类的酸性食物，否则会把不锈钢餐具中的镍和铬溶解出来，宝宝吸收这些重金属会影响大脑和心脏健康。

**妈妈 TIPS：**　不锈钢餐具有“13-0”、“18-0”、“18-8”三种代号，代号前面的数字表示铬含量，后面的代表镍含量，镍含量越高，质量就越好。

## 4. 塑料餐具

**环保指数：**★★☆　　**耐摔指数：**★★★★★

**性价比：**★★★★★

**优点：**色彩艳丽，造型好看，重量轻，耐摔。

**缺点：**容易附着油垢，难清洗，摩擦后容易起毛边和棱角，造成不安全隐患。质量不好的塑料餐具可能遇热后变形。如果塑料表面的图案为不合格染料，则普遍含有过多的重金属，危害宝宝健康。

**妈妈 TIPS：** 选购包装上标注聚碳酸酯（PC）、聚醚砜树脂（PES）、聚丙烯（PP）为原材料的塑料餐具，千万别买有气味、色彩杂乱的塑料餐具。由于油脂装在塑料容器中会产生化学作用，所以尽量少用塑料餐具储存油脂类食品。

# 儿童餐椅的安全使用规则

现在越来越多的妈妈开始在就餐时给宝宝使用儿童餐椅，必须注意以下几点安全使用规则。

## 1. 选择安全的儿童餐椅

选择带有宽阔底座的儿童餐椅，以保证稳定性，不会因为被碰撞时重心不稳而翻倒。同时也确保宝宝爬上餐椅时，不会倾倒。如果是折叠式的儿童餐椅，必须检查它的锁死装置，以确保每次将它架起的时候，所有的锁定装置都是稳固的。

仔细检查儿童餐椅上所有的螺丝是否松脱，保证底座稳定。松脱的螺丝还有可能被宝宝误食，造成窒息，最好定期检查。

## 2. 正确的使用方法

每次将宝宝放进儿童餐椅的时候，一定要将宝宝的腰部和胯部用安全带系紧。宝宝坐在儿童餐椅里时，不要将他单独留下，必须有大人在旁边监护。不允许宝宝站在椅子上玩耍，否则会导致失去重心而摔倒。

不要将儿童餐椅放在紧挨着桌子的地方，因为宝宝会用手推桌子，或者用脚使劲蹬桌子，造成餐椅向后翻倒。也不要把餐椅靠近热炉台，远离可能造成危险的各种源头。

如果选择那种用卡扣夹在桌面上的餐椅，一定要确保桌子足够结实，能够承担宝宝的重量。连接餐椅和桌面的卡扣必须牢固，使用前认真检查锁死装置。

**提醒妈妈**

### 在购买儿童餐椅前，你还需要考虑一些其他的因素：

- 如果家里空间狭小，最好选择可以折叠或占地面积小的餐椅。
- 餐椅的材料应该选择容易清洗的材质，这样更方便省事。
- 最好不要购买多功能的餐椅，因为不仅价格会比较贵，许多功能也不一定能用上。应该选择能随着宝宝的成长而调节大小的餐椅。

# 辅食的卫生安全

妈妈亲手制作的辅食，不仅新鲜健康，还凝聚了浓浓的母爱。但是制作辅食，必须注意卫生安全，以防引起宝宝的消化问题和疾病。

## 购买食物时：

● 查看生产日期和保质期，选择新鲜的食品。

● 不要一次购买大量食物，最好分次购买，以保证食用新鲜的食物。

● 超市购物时，全程冷链的生鲜食物或奶制品最好在结账前最后放入购物篮。

● 购物后直接回家，最好不要在路上耽误超过 2 个小时，以防酸奶等变质。

● 鱼、肉等生鲜食物与熟食要分两个购物袋存放。

## 保存食物时：

● 冰箱冷冻室的温度要设定在零下 15℃以下，冷藏室设定在 3℃以下。

● 冰箱内食物不要塞得太满，生食、熟食要分开存放。

● 定期消毒冰箱，防止细菌滋生（如李斯特菌）。

● 冰箱不能消灭细菌，尽量不要在冰箱里长期存储食物，最好现买现吃。

● 食物保存时最好使用保鲜盒或密封袋。

## 烹调食物时：

● 摘下戒指和手表，剪短指甲，妈妈扎起头发，烹调前认真洗手。

● 案板和刀要做到生熟分开。

● 认真清洗食材，尽量去皮，不能去皮的食材可用稀释的小苏打水浸泡 5 分钟再烹调，以防农药残留。

● 冷冻食品不要在常温下解冻，最好用微波炉快速解冻，以防滋生细菌。

● 鱼、肉、蛋等食物要完全煮熟，不要给宝宝吃未完全凝固的蛋黄和不熟的肉类。

## 给宝宝喂饭时：

● 喂辅食前，妈妈和宝宝都要洗手。

● 一次性吃不完的辅食，提前用干净的勺子舀出当天吃的量，其他的密封放入冰箱储存。

● 做好的辅食应马上给宝宝食用，不要放置太长时间。

● 大人用过的餐具不能给宝宝用，避免大人把食物嚼碎后再喂宝宝。

● 即使腐烂面积很小的水果，细菌毒素也会渗透进果肉当中，不能给宝宝食用。

## 清洗餐具时：

● 清洗宝宝的餐具时，选择专用的儿童餐具清洗剂，用大量清水冲洗，确保没有洗涤剂残留。

● 认真清洗刀具和案板，特别注意刀柄和刀片接口处的清洁。

● 刷碗布使用后要用洗涤剂清洗干净，并彻底干燥，定期消毒。

● 按照厨房内的用途，准备多块抹布，防止交叉污染。

● 水池、水漏、碗架、筷筒要每天清洗，这些地方最容易被忽视，如果有积水，很容易滋生细菌。

# 食物中毒怎么办

如果宝宝吃了被细菌污染的食物，或者本身有毒的食物后，出现肚子痛、呕吐、拉肚子等症状，就有可能是食物中毒。以下是关于食物中毒的一些小常识。

## 1. 引起食物中毒的常见细菌

**金黄色葡萄球菌（金葡菌）**：金葡菌感染是最常见的一种食物中毒。金葡菌所产生的肠毒素是导致食物中毒的主要原因，可引起恶心、呕吐、腹泻等症状。

金葡菌是一种耐热菌，100℃条件下需要 15 分钟才能被杀灭，80℃则需要 30 分钟时间。

**沙门菌**：沙门菌中毒原因主要是由加工食品用具或食品存储场所生熟不分引起的，或者食用了未加热处理或加热不彻底的食物。中毒表现为呕吐、腹泻、发热。

预防措施包括做饭时生熟分开，高温加工肉制品。

**大肠杆菌**：大肠杆菌中毒原因主要是食用了受污染的食品或者食用前未经彻底加热。中毒多发生在夏秋季，典型症状为严重的腹泻。

对于大肠杆菌感染的最佳治疗是休息和补液，如果宝宝出现脱水症状，必须去医院治疗。

**肉毒杆菌**：肉毒杆菌是一种厌氧菌，常出现在罐头食品以及真空包装的豆制品内，毒性极强。

**预防措施** 宝宝的肉毒杆菌毒素中毒，主要是食用了被肉毒杆菌芽孢污染的蜂蜜，所以千万不要给 1 岁以下的宝宝喂食蜂蜜。

**其他食物中毒**：包括毒蘑菇、污染的鱼类产品，宝宝不能识别出这些食物，所以很容易误食。

**预防措施** 要注意避免宝宝接触这些有风险的食物。如果宝宝出现了不正常的消化系统症状，或者感觉宝宝可能误食了有毒食物，应立即就医。

## 2. 食物中毒的处理方法

宝宝食物中毒容易和病毒性胃肠炎混淆，因为症状相同，都包括呕吐、腹泻、异常烦躁，还经常会发烧。宝宝食物中毒后，如有必要，可化验血液、粪便和吃剩的食物，有助于鉴别出是何种细菌引起了食物中毒。不过医生往往不需要这么确切，因为无论是什么细菌引起的食物中毒，治疗方法与病毒性胃肠炎都一样。如果宝宝的大便里有血，那么就必须化验，以排除大肠杆菌 0157:H7、志贺氏杆菌或沙门氏菌的可能性，因为这些细菌的危害性较大。

一旦发现宝宝食物中毒，或者确认已经食用了有毒食品，可先采用简易方法催吐。用手指、筷子等物品触及咽喉部压迫舌根部，使宝宝呕吐，以便减少有毒物质的吸收，并随即送宝宝到医院就诊。去医院的时候，要保留导致中毒的食物样本，以提供给医院进行检测。如果身边没有食物样本，也可保留宝宝的呕吐物和排泄物，以方便医生确诊和救治。

**提醒妈妈**

### 食物中毒严重的症状

如果宝宝出现以下症状，必须立即送医院治疗。去医院前，收集宝宝的呕吐物，或者可疑的有毒食品，以供医生确诊病情。

- 出现脱水的症状。
- 腹泻时出现稀薄的血便。
- 长时间持续的腹泻。
- 粪便中含有大量液体。
- 有可能吃了有毒的蘑菇。
- 突然变得虚弱、淡漠、烦躁、不安，或身上有触痛或刺痛感，看起来像喝醉了似的，出现幻觉或呼吸困难。

# 关注我们身边的食品安全

“食品安全”是当今社会父母们最关心的问题之一，媒体屡屡报道出来的“食品安全”危机，让爸爸妈妈对宝宝吃的东西格外关注。虽然我们不可能生活在“零污染”的世界中，但是以下方法却可以帮助我们尽可能远离危险食品。

1 **学会看懂食物标签。**看看成分表上什么含量排在第一位，如果是糖或盐放在前面，就要当心了。

2 **尽量只买标签中成分少于 5 种的食物。**这说明食物中的添加剂有可能会比较少。

3 **别买标有“氢化”字眼的食物。**这意味着可能有反式脂肪酸，这种脂肪酸已被证实会导致心脏病、糖尿病和癌症。

4 **少买含有人工甜味剂的食物。**尤其是阿斯巴甜、三氯蔗糖、糖精等，过量的甜味剂会增加肾脏负担。

5 **吃农民能种出来、地球上能生长的食物。**这样的食物基本上就是安全的。如果是认不出来的食物，就不要吃。

6 **购买本地产的当季食物。**因为反季节食物意味着使用生长调节剂来加速成熟，可能扰乱人体的内分泌系统。

7 **含乳饮料不等于牛奶。**要看好包装标签上蛋白质的含量，牛奶中的蛋白质含量不能低于 2.8%。有些蛋白质含量非常少的奶味饮料，其实跟牛奶没什么关系，而且含糖量非常高。

8 **经过认证的品牌蛋是首选。**鸡蛋的安全性在于鸡的饲养环境和饲料内容，如果能保证这两点，鸡蛋的安全也就有了保障。

**安全检查清单**

## 容易造成宝宝窒息的危险物排行

最好不要给 4 岁以内的宝宝吃不好消化的大块食物，除非把它剁碎后再给宝宝吃。宝宝学会咀嚼之前，不要吃坚硬的食物，特别小心下面这些东西：

□ **食物：**

| | |
|---|---|
| 花生仁 | 硬糖 |
| 瓜子 | 粘性大的糖 |
| 开心果 | 爆米花 |
| 果冻 | 生胡萝卜 |
| 刺多的鱼 | 生苹果 |
| 大块的肉 | 豌豆 |
| 话梅 | 口香糖 |
| 葡萄 | 玉米粒 |

□ **其他危险物**

| | |
|---|---|
| 气球 | 安全别针 |
| 硬币 | 曲别针 |
| 小石块 | 笔帽 |
| 玻璃球 | 珠宝 |
| 玩具小零件 | 蜡笔 |
| 钮扣电池 | 扣子 |
| 螺丝钉 | 钥匙 |
| 螺母 | 塑料袋 |

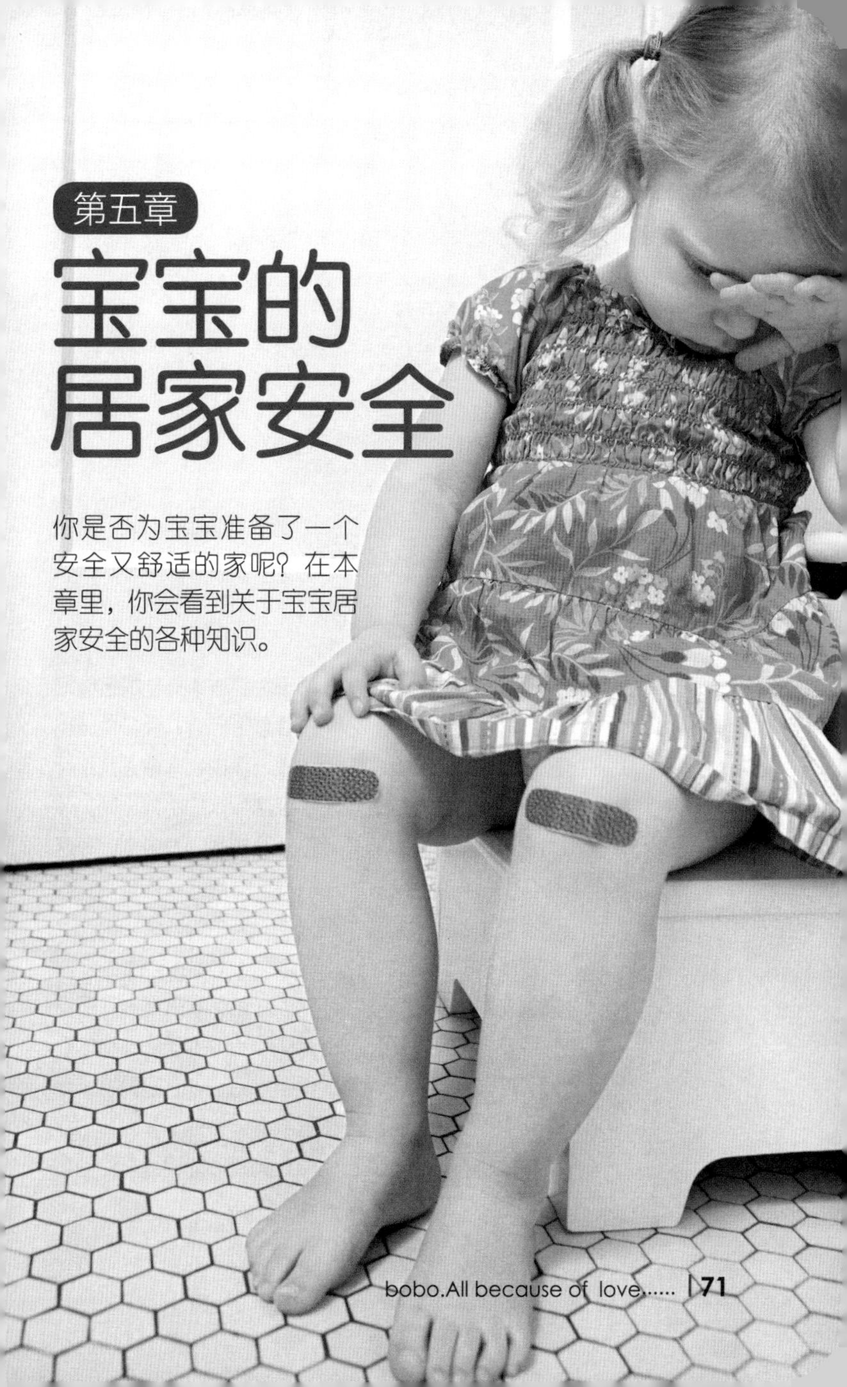

第五章

# 宝宝的居家安全

你是否为宝宝准备了一个安全又舒适的家呢？在本章里，你会看到关于宝宝居家安全的各种知识。

你是否为宝宝准备了一个安全又舒适的家呢？看似安全的家往往存在着大大小小的隐患。赶紧抱着“吹毛求疵”的态度，把可能导致宝宝受伤的隐患统统找出来吧！

在本章里，你会看到关于宝宝居家安全的各种知识。仔细检查一下，各种家具是否安全？许多父母也许没有注意到，家中常常隐藏着螨虫和霉菌，会引起宝宝各种过敏性疾病。学学杀菌除螨的小妙招吧。还有水银温度计、地板清洁剂、洗衣液、杀虫剂……这些东西既有实用性又有危险性，一定要让宝宝与它们保持安全的距离。对宝宝来说，天生的好奇心再加上父母偶尔的疏忽大意，意味着厨房非常容易发生危险，请关注厨房里的安全基础知识。还有本来是为了保证宝宝安全的安全用品，却有可能让宝宝面临危险的处境，赶紧检查一下你家的安全用品吧。俗话说水火无情，为了防止出现火灾、触电这样的突发事件，尽可能将危险和伤害降到最低点，父母一定要提高防范意识，多学一点家庭防火防电的常识。

# 居家危险地图

你是否为宝宝准备了一个安全又舒适的家呢？看似安全的家往往存在许多隐患。赶紧行动吧，把可能导致宝宝受伤的隐患统统找出来！

## 客厅

**散乱在地板上的电线**

散乱在地板上的电线是危险源，如果带电或者漏电，不但可能导致宝宝意外触电，还可能会绊倒宝宝，造成摔伤。或者在宝宝玩耍时被电线缠绕住身体，引发窒息等危险。

**可能导致烫伤的柜式饮水机**

1岁以上的宝宝就可能达到柜式饮水机的高度，如果宝宝因为好奇而打开了热水开关，就有可能出现被烫伤的意外伤害。所以有宝宝的家庭最好选择那种可以放在桌子上的台式饮水机，并且远离桌子最外面的边缘至少 30 厘米，让宝宝够不到。

**随处乱放的垃圾桶**

垃圾桶最好放在宝宝不容易发现的隐蔽地方，以免宝宝由于好奇翻检垃圾桶，导致误食，或被玻璃碴、易拉罐拉环等物品扎伤或割伤。

## 卧室

**婴儿床里的毛绒玩具**

尤其对于 3 个月以内的宝宝，婴儿床中一定不要堆放过多的毛绒玩具或松软的被褥。由于宝宝还不会自主翻身，一旦被毛绒玩具堵住口鼻，就可能出现窒息。

**放倒的婴儿床护栏**

在没人贴身看护时，一定要将婴儿床的护栏竖起来，以防宝宝跌落摔伤。

**没有摘掉的围嘴**

宝宝睡着后，要及时给宝宝摘掉围嘴，以防绳子缠住脖子导致窒息。有带子的衣服也要注意在宝宝睡着后及时给他脱下来。

**紧贴窗户放置的床**

床不要紧贴窗户放置，以防宝宝会站会走后，爬上窗户发生危险。

## 浴室

**浴缸存水**

不洗澡的时候，浴缸里不要存水，研究发现深30厘米左右的积水，就可能导致宝宝溺水。

**能爬上浴缸的小凳子**

浴缸旁边不要放小凳子等可供宝宝攀爬的物品，以免宝宝爬高后跌入浴缸，导致溺水等危险。

**打开的洗衣机门**

洗衣机不用时要确定将门关好，并及时断电。

**乱放的洗浴用品**

宝宝有可能误食浴液、洗发水，所以要将这些洗浴用品收到宝宝够不到的地方。

**提醒妈妈**

### 浴室安全补充建议

- 热水器水温最好设定在50℃以下，以免烫伤宝宝。
- 浴缸旁边的地板上最好铺设防滑垫，以防宝宝滑倒受伤。
- 洗衣液、洁厕灵等腐蚀性化学清洁剂应放在较高的橱柜中，以免宝宝误食，发生危险。
- 剃须刀、修眉或修甲的工具一定要放在宝宝够不到的地方，以免划伤宝宝。
- 马桶不用时，最好用马桶锁锁好，以防溺水。
- 地漏最好用漏网保护起来，以免宝宝将手指伸进去，造成危险。

## 阳台

**能爬上窗户的高椅子**

阳台上不要放置宝宝可能踩上去借力能够到窗户的物品。比如：高椅子、旧报纸或杂志堆、啤酒箱等。以免宝宝踩踏爬上窗户，导致高空跌落等危险。

**危险绿植**

带有尖刺的仙人掌、月季可能扎伤宝宝；郁金香、夜香树等有味道的植物可能导致宝宝精神不好、头昏失眠；天竺葵、虎刺梅等植物则存在引发宝宝过敏的危险。因此，对于有宝宝的家庭选择绿植时一定要谨慎。

## 厨房和餐厅

**锅把朝外**

尤其是盛有热饭热菜的容器，一定要放在宝宝够不到的较高的地方。锅把一定要朝向里侧，以免因为宝宝或大人误撞，热饭撒出，烫伤宝宝。

**高度较低的冰箱贴**

冰箱贴最好贴在冰箱较高位置，以免宝宝误食，引起窒息。

**拖地桌布**

餐桌上最好不要铺桌布，如果宝宝将桌布连同上面的滚烫饭菜一起拽下来，后果简直不堪设想。

提醒妈妈

## 厨房、餐厅安全补充建议

- 燃气灶不使用时，最好用燃气灶开关锁将开关锁住。
- 电饭煲、豆浆机等电器最好放置在宝宝够不到的地方。
- 菜刀不用时要放在刀架上，使用时也要注意将刀把向内放在案板上。
- 尖锐的刀叉、细长的筷子，对宝宝都有很强的杀伤力。一定不要让宝宝拿着刀叉玩耍，也不要让他嘴里叼着筷子走路。
- 非正规厂家出产的色彩鲜艳的餐具往往含铅量较高，妈妈在选择时一定要谨慎。

## 容易忽视的居家安全小细节

- 电源开关要安装在隐蔽的地方，以防宝宝能用手触摸，最好使用开关保护罩加以防护。
- 暖气等取暖设备外要安装防护栏。
- 电熨斗及时断电，并放置在宝宝够不到的地方。
- 尖锐桌角要使用保护罩加以防护。
- 房门要使用门卡防护，以免夹到宝宝的手指，或导致宝宝被锁在房中。
- 宝宝玩拖地窗帘绳可能缠住脖子，导致窒息，妈妈最好将窗帘绳卷起收纳。
- 地毯中最易积存细菌，一定要经常清洗。
- 楼梯口最好安装护栏，楼梯两侧不要摆放绿植等物品，以防宝宝绊倒。
- 放置药品的抽屉一定要上锁。
- 定期检查镜框、海报、挂历等悬挂装饰物的安全性，以防坠落砸伤宝宝。

# 为宝宝的家具把好安全关

仔细检查一下，宝宝的家具是否安全？安全的家具是为宝宝提供一个安全空间的重要因素之一，在要求美观、实用的时候，请别忘记最重要的一点——安全。

1 **仔细检查婴儿床。**关于选择婴儿床的安全提示，更详细内容请见第 33 页。

2 **家具尽量不要靠窗摆放。**比如婴儿床、沙发、椅子这些家具，如果靠着窗户摆放，宝宝就有可能依靠这些家具爬到窗户上，有跌落的危险。

3 **玩具箱最好没有盖子。**如果选择带盖子的玩具箱，那盖子不能自动锁住，以防宝宝爬进箱子后被锁在里面。和箱子连在一起的盖子要有缓冲装置，防止盖子突然落下夹到宝宝的手指。

4 **小心墙壁上的装饰品。**宝宝房间里，挂在墙壁上的装饰品最好是比较轻的，这样才不容易掉下来。如果是镜子或者比较重的相框，一旦它们掉下来，就可能对宝宝造成伤害。

5 **防止柜子等家具倾倒。**柜子、书架等比较大型又重的家具，即使它看上去非常稳当，也要用固定带或其他固定装置让它跟墙壁固定好，确保不会倾倒。

6 **柜门使用安全锁。**柜子下面几层的柜门最好用安全锁锁好，以免宝宝打开柜门，把它们当作梯子，爬到柜子上去。

7 **桌角、柜角装上安全角。**选择圆角的桌子和柜子当然是最好的，如果是尖角的，可以装上安全角，这样即使宝宝的头撞到桌角或柜角上，也不会造成大伤害。

8 **不要忽略电源。**墙壁上小小的电源往往是宝宝最感兴趣的地方，所以要做好预防。使用电源防护罩是个好方法，不过要挑选宝宝不容易拔掉的电源防护罩。

9 **购买安全灯泡。**如果灯具是那种灯泡裸露在外的设计，长时间的照射会让灯泡非常烫手，要购买灯泡是完全包裹在灯罩里面的儿童灯。

10 **婴儿房间选择水性漆。**水性漆所含的有机挥发物质比较少，油漆涂好后，要开窗、开门通风，至少等待 1 个月后再入住。

11 **选择天然材料壁纸。**最好选择纯天然材料壁纸，有些是用草、麻、木、树叶、草席制成的，相对比较环保。

12 **不要选择人工合成地毯。**任何一种地毯都可能含有有机挥发物质，不过纯天然材质的地毯要比人工合成材质的地毯所含的有机挥发物少一些。

我家的灯罩是那种圆筒式的，从上面能摸到灯泡。明明长到 1 岁半之后，有一天我发现她居然能摸到台灯的灯泡，而且还试图拧下来。幸亏当时没开灯，否则发生触电，后果不堪设想。从那以后，我换了一个密封式的灯罩。

——明明妈（明明，2 岁）

# 厨房安全基础知识

对宝宝来说，厨房可是个诱人的地方。宝宝天生的好奇心再加上父母偶尔的疏忽大意，意味着厨房非常容易发生危险。以下是厨房安全基础知识。

## 一般安全常识

- **橱柜门**：装着危险物品的柜子要使用儿童安全锁。
- **橱柜的边边角角**：检查有没有尖利的边边角角，尖角要罩上防护性装置。
- **调味品**：放在宝宝摸不到的地方，以防误吞。
- **垃圾桶**：使用防止宝宝能自己开启的垃圾桶。
- **塑料袋**：在丢进垃圾桶之前先打个结，以防宝宝捡起来玩，导致窒息。
- **酒类**：藏在宝宝接触不到的柜子里。

## 炉子

- **确保炉子工作正常。**经常检查是否存在煤气泄漏，将肥皂水抹在煤气与炉灶的接口处，如果有气泡说明发生泄漏了，要及时维修。
- **尽量把锅放在靠里的位置。**最常见的事故是宝宝抓到了汤锅的把手，结果被锅里的热东西浇了一身。大人不在炉台时，记得把锅的把手转到后面，这样宝宝就不容易够到了。

妈妈分享 厨房里的刀绝对不能随手放，用完就要放回原处，让宝宝伸手拿到，可不是闹着玩的。

——浩浩妈（浩浩，3岁）

- **炉子旁边不放易燃物品。**窗帘、毛巾、隔热手套和垃圾等易燃物品，要放在远离炉子的地方。
- **选择宝宝不在身边的时候烹饪。**为了避免注意力分散，烹饪时不要让宝宝在厨房里。

## 冰箱

- **冰箱门上装儿童安全锁。**在宝宝比较小的时候，用儿童安全锁将冰箱门锁上。对年龄大一些的宝宝，要告诉他开关冰箱门时要动作轻一些。
- **警告宝宝不要用舌头舔冰冷的表面。**否则舌头可能会被粘在冰上面。
- **把冰箱里的瓶瓶罐罐放在上层。**不要把电池、胶片等好玩而不能吃的东西储存在冰箱里，如果必须冷藏，要放到宝宝够不到的上层。

## 小电器

- **电器不用时拔掉插头。**电饭锅、微波炉、咖啡壶、食物加工机和其他小家电不用时，要拔掉插头，并放置在宝宝碰不到的地方。

- **收紧电器过长的电线。**用收线器收起电线，防止宝宝被绊倒，避免宝宝伸手抓到松散摇摆的电线。
- **电源插座要罩上安全防护罩。**可移动的插座要挪到宝宝够不到的地方，固定的插座要罩上安全防护罩。

## 厨房地板

- 一旦打翻东西，立刻擦洗干净，以免宝宝滑倒。
- 立刻捡起掉到地上的食物，以防被宝宝捡起吃了。
- 如果打破玻璃或陶瓷制品，要立刻把碎片完全清理干净，以免宝宝被碎片扎伤。
- 将已经松塌的地板瓷砖修理好，否则宝宝容易绊倒。

# 小心藏在家里的化学危险品

水银温度计、地板清洁剂、洗衣液、杀虫剂……这些家里经常见到的东西，既有实用性又有危险性。以下物品非常危险，要让宝宝与它们保持安全的距离。

在宝宝的身边常常有一些像水银温度计这样的隐身“杀手”，它们大多数是化学制品，也是家庭中常用的东西，必须让宝宝远离这些危险品。如何收藏家中的危险化学品呢?

1 **藏起药品或有危险的物品。**比如维生素片、浴液、洗发水、香水等，要存放在宝宝看不到、够不着的地方，并且锁起来。你很容易拿到的东西，意味着宝宝也会很容易拿到它，所以正确的存放很关键。最好先以宝宝身高的视角观察，用他的臂长测试，这些危险物品放在哪个高度，宝宝会够不到。

2 **危险物品使用完毕后要收起来。**比如洁厕灵、洗衣机清洁剂，最好等到宝宝睡午觉或见不到时再使用。用完拧紧盖子，再把它们锁好。所有的危险产品要一直保存在它原有的包装里，即使它已经快被用完了，也不要把它换装在空的食物包装瓶里。

3 **走亲访友时看住宝宝。**带宝宝到亲戚朋友家拜访时，不要让他跑出你的视线范围。通常成人的药瓶没有儿童安全盖，宝宝有可能打开误食，所以一定要看住宝宝。在别人家，没有爸爸妈妈看管，他也许会偷偷尝一粒。

## 救护课程

如果你觉得宝宝可能误食了某种危险品，哪怕只有一小口，也要及时去除宝宝口中的残留物，立即拨打 120 通知急救。不要尝试让宝宝呕吐，也不要给他吃呕吐药。这种做法很危险，可能会降低其他重要急救方法的功效。

● **如果宝宝的皮肤粘到腐蚀性液体。**马上帮宝宝脱掉被腐蚀处的衣服，用流动的水冲洗被腐蚀的皮肤，持续 15 ~ 20 分钟，及时打电话给 120。

● **如果危险品进入宝宝的眼睛。**先让宝宝把头向一边倾斜，再把一杯温水慢慢倾倒在眼睛受伤的部位，用来清洗危险品。最后及时打 120 通知急救。

● **如果宝宝吸入有毒气体。**马上把他带到有新鲜空气的地方，让他尽量呼吸，并及时打 120，通知急救。

● **在等待急救车的时候，你要先做些准备。**急救人员需要知道：宝宝的年龄、体重、症状，宝宝食入、吸入的物体或气体的最大量，以及意外是如何发生的。不要给宝宝喝牛奶或水，除非得到医生的允许。液体会加速药物的分解，引起宝宝肠胃不适，甚至会让宝宝把医生刚刚给他吃的药吐出来。

# 家庭防火须知

俗话说水火无情，为了防止出现火灾这样的突发事件，尽可能将危险和伤害降到最低点，父母一定要提高防范意识，多学一点家庭防火知识。

## 家庭防火的 5 个要点

- **预防电火**：避免多种电器长时间同时使用。插座要选择符合国家安全标准的合格产品。电器使用后关闭主机电源，不要长时间处在待机状态。
- **厨房防火**：定期检查燃气管道的安全性，如果发现煤气泄漏，需迅速关闭燃气总阀。
- **儿童房防火**：不要在儿童房中放置过多电器。装修材料尽量选择阻燃的材料。电源插座要做防护措施。
- **禁止吸烟**：禁止让宝宝模仿抽烟、给爸爸点烟、玩火柴或打火机等高危行为。
- **准备火场自救包**：灭火器是火场自救的必备品。手电筒除了照明，还能在黑暗中向外界发出求救信号。口哨可以用最小的力气发出最大的呼救声。

## 公共场所防火须知

- **留心安全出口**：带宝宝去亲子班时有没有留心过教学楼里有几个安全出口，位置在哪里？只需一点小小的“留心”，就能让你在意外发生时更冷静从容地逃离。

有一次做饭的时候，欣欣刚巧大哭起来。我放下锅就去看她，忘了炉火上还坐着锅，差点儿着火。

——欣欣妈（欣欣，2 岁 3 个月）

● **选择消防设施齐备的幼儿园：** 检查幼儿园的消防措施，关注是否有两个以上的安全出口？看看是否安装了喷淋设施？消防栓位置在哪里？灭火器过期了吗？

# 警惕危险的“宝宝安全用品”

本来是为了保证宝宝安全的安全用品，却有可能让宝宝面临危险的处境，赶紧检查一下你家的安全用品吧，看看它们是否存在安全隐患？

安全产品并不意味着完全的安全保障，与对待普通产品一样，我们需要谨慎选择和正确使用。

根据美国产品安全协会的统计，自从 1983 年以来，已经有 123 名儿童因为使用安全浴床而导致溺水。为什么这些本该保证宝宝安全的安全用品，会让宝宝面临危险呢？因为有些安全用品本身的设计或质量就存在安全隐患。而父母使用安全用品的时候，如果没能遵照使用说明，也有可能引发危险。

此外必须警惕父母对安全用品过于依赖，因为安全用品绝不是宝宝的安全保险。无论是否使用了安全产品，保证宝宝安全的职责永远要放在父母身上。

## 几种曾经发生过危险的安全用品

安全隐患 1 **电源防护罩**

体积很小的电源防护罩上存在安全隐患，因为一旦电源防护罩发生松动，宝宝就能轻易地把它们取下来，并放进嘴里，从而因误吞引发窒息。

**建议妈妈：**不经常使用的电源，要用家具挡住，防止

宝宝将手伸进去。选择体积够大的电源防护罩，直径不能小于 4 厘米。

**浴床**

浴床的危险主要来自于突然松动，使得躺在上面的宝宝翻倒在水中，造成溺水。

**建议妈妈：**对宝宝来说，洗澡时最好使用塑料浴盆，避免使用浴床。关键是洗澡的过程中，妈妈必须一直扶着宝宝，不能松手。

**湿巾加热器**

湿巾加热器在国外很流行，外型像个纸巾盒，能将湿巾加热到适合的温度。但是存在漏电的隐患，有可能引发火灾。

**建议妈妈：**经常检查湿巾加热器的电子管部分，也可以尝试最简单的加热方法，将湿巾放在两手之间，只需要一小会儿就能焐热。

**安全隐患4 婴儿床的床围**

床围是为了防止宝宝的头撞到床栏上，但是，如果宝宝能够翻身就可能将脸部完全贴在床围上，从而引发窒息。1 岁左右的宝宝，还可能利用床围爬出婴儿床，引起跌落。

**建议妈妈：**建议选择比较薄、固定性好的床围，一定要用绳子将床围牢固地绑在床栏上。一旦宝宝能够翻身，记得把床围撤掉。

**固定睡姿枕**

这些由软垫组成的固定睡姿枕，如果宝宝的脸贴在枕头上，有可能因此而导致窒息。

**建议妈妈：**固定睡姿枕不是必需品，如果宝宝总是趴着睡，才需要考虑使用固定睡姿枕。使用过程中必须要经常检查，别让枕头盖住宝宝的脸。

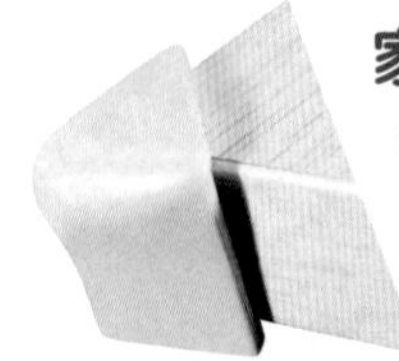

## 家里应该有的安全产品

- **防撞桌角：**防止宝宝被锋利桌角碰伤，适用于各类直角家具。它的直径要大于 4 厘米，即使宝宝把它放到嘴里也不会出现误吞了。

把那种塑料泡沫纸贴在桌子边上就是自制防撞条了。

——小文妈（小文，4岁）

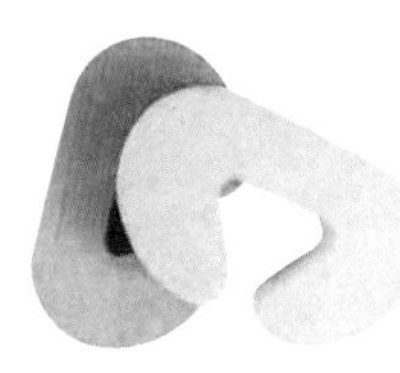

- **安全门顶：**可随意控制房门的开启位置，防止房门突然关闭，将宝宝反锁在屋内，或在关闭时碾伤宝宝的手指。
- **多功能安全锁：**能够锁住家中打开的房门、未上锁的抽屉、衣柜门和冰箱门等，防止宝宝随意打开而造成伤害。（见下图）

# 小心触电的危险

根据调查显示，宝宝因触电而死亡的人数占儿童意外死亡总人数的 10.6%。为了使宝宝远离危险，爸爸妈妈有必要了解与电有关的安全知识以及常见的急救措施。

宝宝的好奇心强，会对很多东西感兴趣，所以父母要重视家里用电设施的安全。选择质量有保证的电器，并按照安全标准安装，开关、插座、电线等都要放在宝宝摸不到的地方。考虑到宝宝的自我保护意识和行为能力较低，有必要改善家庭用电的硬件设施，消除用电安全隐患。同时还要加强对宝宝的教育和监管，最大程度避免触电事故的发生。

## 宝宝可能发生的触电危险

| 让你的宝宝远离 | 安全措施 |
| --- | --- |
| 插座 | 安装有保护功能的插座，确保总是将插头稳固地插入插座中。将家具放在插座前，不让你的宝宝在附近玩。 |
| 电线 | 将电线放在宝宝够不着的地方，将电线捆绑起来放在一个盒子里，这样宝宝就不会找到它。不要在宝宝的卧室里放太多的电器，或用延长的电线。 |
| 灯泡座 | 将照明装置放在宝宝够不着的地方，确保所有的插座上都安装有合适的灯泡，同时也要告诉你的宝宝千万不要自己去碰电灯泡。 |
| 浴室中的电器 | 不要将吹风机、卷发棒或电动牙刷放在有水的地方，也不要在有水的地方使用这些东西。所有电器在使用完后，都应及时拔下插头收好，避免宝宝接触。平时要教育宝宝注意安全，讲清乱动电器的危害，在没有成人的情况下，不乱摆弄电器设备。 |

安全检查清单

## 节日里的居家安全

过节时，家里人来人往，忙忙碌碌，爸爸妈妈往往会忽略宝宝的安全。建议在过节前，仔细检查家中的安全隐患，不要因为“意外伤害”而给快乐节日留下遗憾。

□ **拖地窗帘绳**

过节时家中客人一多，妈妈可能就会忽略宝宝，而玩耍拖地窗帘绳会存在窒息的危险。妈妈只需把窗帘绳挽起卷高收纳，就能很好地避免危险。

□ **地毯**

节日里客人较多，带进房间的病菌和灰尘也会更多，这些病菌和灰尘附着在地毯上，很容易影响宝宝的健康。建议妈妈在节日里增加清洁地毯的次数。

□ **尖锐桌角**

聚会时人多拥挤，更容易出现绊倒、碰撞等问题。因此，建议妈妈一定要在聚会之前给茶几等家具安装防护桌角。

□ **低于一米的电源插座**

聚会时，容易出现电源插座不够用的情况，此时就会用临时电源插座。在使用临时电源插座时，妈妈一定要注意将插座放置在隐蔽和较高的地方，切忌随意放在地板上，避免因为宝宝不慎触碰，出现危险。

□ **打火机**

和爸爸相关的聚会，“烟”往往是不可缺席的“朋友”，随手扔在茶几上的火柴和打火机，可能会导致宝宝烧伤，甚至引发火灾。建议爸爸尽量避免吸烟。

□ **噪音**

吵闹的电视、聊天声……持续的高强度噪音，不但可能对宝宝的听力造成损伤，还极大地影响宝宝的睡眠质量，干扰他的正常作息。建议按照宝宝的作息时间结束聚会。

□ **尖锐餐具**

无论是筷子还是餐叉，尖锐的餐具对宝宝有危险。建议妈妈提前给宝宝立些规矩，严禁叼着筷子玩耍等危险行为。另外，最好为宝宝准备儿童餐具。

□ **火锅**

在冬季的聚会，火锅一向倍受青睐。如果和宝宝一起吃火锅，首先不能让宝宝靠近滚烫的锅底，以免烫伤。另外，涮生鲜的肉类和海鲜时，一定要煮熟煮透，以确保饮食安全。

第六章

# 宝宝的游戏运动安全

本章告诉父母该怎样做才会既不打击宝宝游戏的好奇心，又确保他们的安全。

游戏，是贯穿整个童年的重要活动。宝宝在尽情地玩耍中学会认知，辨认好坏，锻炼手脑协调。可是游戏就都安全吗？玩具怎么消毒？宝宝运动时该注意些什么？本章将为你介绍宝宝游戏和运动时最常见的安全问题。

宝宝的整个童年里，除了需要爸爸妈妈的呵护，最常做的也是最重要的一件事，就是玩耍。游戏在宝宝的成长发育中起着关键的作用。而玩具，也就成了宝宝童年里常伴左右的好伙伴。随着宝宝的长大，身体大动作能力开始越来越增强，他们喜欢跑跑跳跳，爬上爬下，四处探索，无所畏惧。可是千万别忽视了，周围潜在的危险随处都在。这时我们该怎样做才会既不打击宝宝探索世界的好奇心，又确保他们的安全呢？

# 为宝宝挑选安全的玩具

想给宝宝添置新玩具了，在商场里面对琳琅满目的玩具，如何挑选安全的玩具可是有窍门的，在商场里你该做到以下几点。

## 闻一闻：玩具有没有刺鼻气味

对于涂有油漆的玩具，要格外注意是否带有安全检验合格证，以确保油漆能达到安全无毒的标准。玩具的原材料或表面涂有油漆有可能存在重金属（如铅、铬、锑、钡、铜、汞）过量的情况，宝宝经常啃咬、接触，难免摄入重金属，严重的可导致重金属中毒。如果没刷油漆，但木质玩具的材质本身闻起来有明显酸味，也可能是粘接或定型过程中加入的胶水里含有甲醛。

## 摸一摸：玩具外观是否光滑

摸摸玩具表面是不是有毛刺和扎手的边角。由薄铁皮、合金等材质制作的玩具可能会有锋利的边缘，尤其一些铁皮玩具车的边角、小车门。为了避免割伤宝宝，购买时需要成人先细心地摸一摸，用自己的手去判断。

**提醒妈妈**

### “CCC”标志有什么含义?

细心的妈妈会发现，有些玩具上有“ccc”标志。我国已对童车、电动玩具、塑胶玩具、金属玩具、弹射玩具、娃娃玩具这六类儿童玩具实行强制性CCC(也称3C)认证。获得3C认证的玩具必须达到《国家玩具安全技术规范》的标准。如毛绒玩具的填充物必须无毒无害，而且已经过严格消毒；玩具上纽扣等不可拆卸的小零件按规定承受拉力在90牛顿以上等。只有获此认证的玩具才有安全保证。

我去倒水，就一转眼的工夫，小佑就把玩具电话挎在了自己的脖子上，电话线像围巾一样耷拉着。我赶紧给她摘下来，真是好悬啊。

——小佑妈（小佑，1岁8个月）

## 看一看：玩具外包装上的合格标志

质量合格的玩具，外包装盒上应该清晰详细地印有生产厂家、厂址、生产日期、制作原材料、适合年龄段、安全警示语、执行标准号、CCC标志、产品合格证等等信息。适合年龄阶段和警示语尤其需要父母重点参考。在给宝宝买玩具时，一定要仔细阅读警示语，如“不适合3岁以下儿童”等。

## 拽一拽：玩具各个小零件的紧密程度

需要关注玩具上粘贴或缝上去的眼睛、鼻子、小纽扣等细小零件是否真的牢固，有的玩具经过几次拽拉，小零件就有要掉落的感觉。宝宝最喜欢的动作就是抠和拽，不结实的构造容易被拽坏，内部结构外露，夹到宝宝手指的风险会加大，还有可能被宝宝吞下去造成窒息。此外，适合大宝宝玩的玩具不一定适合小宝宝。提前给小宝宝买大年龄段的玩具，不但会浪费玩具针对年龄段的设计，而且相对复杂的设计和小零件对宝宝来说也并不安全。

## 比一比：玩具零件要比宝宝的嘴巴大

挑选口欲期宝宝最常玩的玩具时，尤其是摇铃、牙咬胶、挤捏玩具，一定要保证玩具的体积足够大，包括完全压缩到最小状态下也要比宝宝的嘴大。另外，大一些的宝宝如果还有啃咬玩具的习惯，也要确保玩具的尺寸够大，不至于被宝宝整个吃进嘴里。玩具包装塑料袋也是引起窒息的危险隐患之一，但并没有引起很多父母的注意。所以，最好养成拆下塑料包装袋第一时间就收走的好习惯。

## 听一听：玩具的发声是不是过响

现在很多玩具都追求声光电的效果，而且带有热闹声效的玩具格外受到宝宝的注意。可是玩具的声音对宝宝的听力有害吗？据研究，宝宝喜欢放在耳边听的玩具（比如仿真小手机和会讲故事的儿童MP3），音量一定要控制在70分贝以内（40 ~ 60声音是正常的交谈声音，70分贝已经是吵闹的声音）。即便是音量已经低于70分贝的玩具，也要避免让宝宝长时间放在耳边听。妈妈在挑选玩具时，一定要放在自己耳边听一听。如果自己都觉得声音刺耳就别买了。如果买回来的玩具音量固定不可调，可以用透明胶带粘住音量喇叭发声口，多粘几层，直到你感觉音量适中。

## 试一试：头盔玩具是否呼吸通畅

封闭头部的头盔玩具往往通气空间比较小，宝宝戴上头盔玩具又疯又闹时，要小心出现呼吸困难。选购时应确保宝宝戴上头盔玩具时，鼻子、嘴巴都正好露在外面。头盔的大小很重要，过小的头盔没有空气流动空间，容易引起局部血流循环不畅。

## 量一量：玩具上的绳子和带子

有一些设计上带有绳子和带子的玩具，比如小电话、拖拉玩具等，要格外注意一下绳子的长度，最好不要超过30厘米。如果绳子过长，宝宝在玩耍中有绊倒、缠绕、勒伤的危险，甚至会造成窒息。

# 清洁玩具的安全方法

每个宝宝都会有许多玩具，玩的时间长了，口水、油渍、致病细菌难免会让玩具的表面脏脏的，细菌和病毒是引起宝宝患上呼吸道感染和肠胃疾病的重要原因之一。所以，为了宝宝的健康，定期给玩具进行清洗和消毒是必要的。

## 玩具完全无菌就是最安全的吗?

儿科专家认为，生活在完全无菌环境内的宝宝反而更容易生病。因为在无菌环境下，宝宝自身的免疫系统得不到锻炼和发育，一旦接触少量的细菌病毒就会生病。如果能经常地接触少量的细菌病毒，反而会使宝宝自身的免疫系统保持一种积极活跃的应对状态，有利于免疫系统的发育。

## 玩具清洗消毒的 4 项安全方法

- **清洁新玩具**

玩具买回家后应该先清洁后再给宝宝玩。玩具虽然是新的，但在生产、包装、运输、售卖的各个环节，经过无数双看不见的手传递，还是应该先清洁一下。

- **每周消毒一次**

玩具清洁消毒的频率以每周一次为宜，也可根据玩具的使用频率和材质灵活掌握。在周末的时候告诉宝宝，玩具也要洗个澡，然后和宝宝一起来搓搓洗洗。

- **使用婴幼儿专用消毒液**

给玩具“洗澡”应该选用婴幼儿专用的清洁剂、消毒剂和洗衣液。如果用普通的消毒液为宝宝的玩具消毒，可能因为这些消毒剂冲洗不干净，会对宝宝的呼吸道产生刺激。

- **大量流水冲洗**

玩具用消毒液洗完之后要用大量流水冲洗，当然电动玩具除外。用流动的清水冲洗这一点非常重要，能尽量减少玩具表面洗涤剂的残留。玩具清洗后要在通风和阳光直射处晾晒，彻底晾干。因为所谓“干净”包含两个概念：就是“干”和“净”，所以“干”也很重要。在干燥的环境下，细菌病毒的繁殖速度要比在潮湿的环境下慢得多。

# 不同材质玩具的消毒方法

常见的玩具一般由塑料、橡胶、化纤面料、金属以及木材等制成。对于不同材质的玩具，采取的清洁和消毒方法也不相同。具体方法如下：

## 毛绒玩具

毛绒玩具的表面一般是化纤面料，用婴幼儿专用的洗衣液来清洗就可以了，如果是抗菌除螨功能的洗衣液更好。尽量手洗毛绒玩具，充分漂干净之后悬挂在向阳通风处晾干。阳光中的紫外线也可以起到杀菌消毒的作用。

**适合清洁用品：**婴幼儿专用的抗菌除螨洗衣液

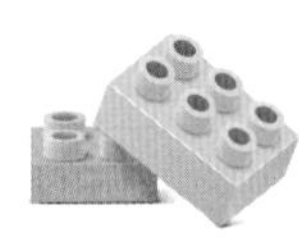

## 塑料玩具

塑料玩具可以用婴幼儿专用的洗衣液来清洁。在干净的盆内注入清水，稀释适量洗衣液，放入塑料玩具，浸泡一会儿后用毛刷刷洗。然后用大量的清水冲洗干净，放在网兜内悬挂晾干。不必太阳直晒，否则会使塑料变脆，影响使用寿命。

**适合清洁用品：**毛刷＋婴幼儿专用洗衣液

## 牙胶玩具

因为牙胶玩具直接接触宝宝的口腔，清洁消毒起来要更加严格。可以用消毒奶瓶的方式，用奶瓶刷和奶瓶清洁液把牙胶玩具刷洗干净，然后放入消毒锅内用高温蒸汽消毒。

**适合清洁用品：**奶瓶刷 + 奶瓶清洁液 + 消毒锅

## 木制玩具

木制玩具在潮湿的环境下容易发黑霉变。在清洁时要先用纱布或手帕蘸取婴幼儿专用洗衣液擦拭表面，再用大量清水冲洗，最后将水擦干晾晒，需要翻动几次，让不同的侧面都能充分干燥。

**适合清洁用品：**干净的纱布或手帕 + 婴幼儿专用洗衣液

## 电动玩具

电动玩具的清洁是妈妈们比较头疼的，因为担心进水会损坏里面的电子元件，其实清洗电动玩具最关键的一步是别忘了拆下电池，然后用洁净的湿布擦拭玩具表面。想更彻底消毒电动玩具，可以从药店购买无菌纱布蘸取75% 医用酒精来擦拭表面，或者直接用买来的医用酒精棉球擦拭，等酒精完全挥发干净之后再给宝宝玩。

**适合清洁用品：**洁净的湿布 + 医用酒精棉球

# 户外游乐设施的安全须知

除了家里的小玩具，还有一些户外游乐设施玩起来也要注意安全，防患于未然，宝宝才会玩得更开心。

## 荡秋千

飞翔的感觉不仅给宝宝带来快乐，对内耳前庭功能的发育也有好处，还能促进大运动发育及平衡能力。不过在宝宝尽情地荡秋千时，父母应该在旁边做好防护工作：

- **让宝宝稍微往后坐**

宝宝从高处向前荡时，因为体重轻容易重心前移，稍微靠后坐能避免失去平衡。

- **荡秋千时注意宝宝穿戴**

如果宝宝的衣服过于宽松或者有围巾、丝巾和易刮到的装饰物，可能会随风飘起来缠绕在秋千绳上，导致宝宝受伤。

- **观察秋千的高度**

不要让宝宝在离地过高的秋千上玩，秋千离地的安全高度是应该能保证宝宝在平稳着地时，双脚能够着地面，以防摔伤。

- **提醒宝宝抓紧秋千**

宝宝坐在秋千里时，一定提醒他紧紧抓住秋千绳索，很多摔伤都是因为脱手导致的。

宏宏胆子特别大，有一次玩滑梯时我刚转身，没想到他居然大头朝下滑下去。幸亏旁边有别的妈妈扶了宏宏一把，才没有脸朝下摔伤。

——宏宏妈（宏宏，3 岁）

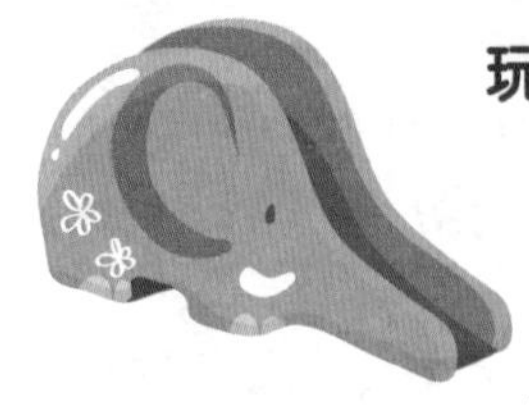

## 玩滑梯

看着宝宝嗖一下从滑梯上滑下来，相信妈妈们也是无比开心的，滑梯就像宝宝的大朋友一样，总能给他们的童年带来无限欢乐。但是玩滑梯的时候也有几点注意事项：

- **妈妈别抱着宝宝一起滑**

有时候妈妈想全方位地保护宝宝，抱着宝宝一起滑滑梯。但实际上，妈妈加宝宝的体重会使向下冲的惯性更大，向下时又要顾着宝宝又要控制速度，更增加宝宝受伤的危险。

- **夏季小心“高温滑梯”烫屁股**

以前有过 2 岁美国宝宝在大热天玩滑梯被烫伤的案例。暑天暴露在阳光下的滑梯，不论是金属材质还是塑料材质，都已蓄积太多热量。尤其宝宝夏日穿戴很少，摩擦力小，加重被烫伤的危险。

- **选择周围有软垫或细沙的滑梯**

很多意外都是宝宝从滑梯上跌落导致摔伤。如果滑梯周围直径大约 2 米的范围内都有软垫或细沙，就能大大减低意外摔伤的几率。

- **不许宝宝演杂技**

玩滑梯时，宝宝应该总是脚朝下滑，上身保持竖直。绝对禁止让宝宝头朝下滑，很多意外都是这么发生的。

- **充当义务志愿者维持秩序**

在滑梯的下滑段，一次应当只有一个宝宝，成人不光要看好自己的宝宝，也有义务维持游戏秩序。不要让宝宝拥挤着往下滑，以免摔伤。

## 攀登架

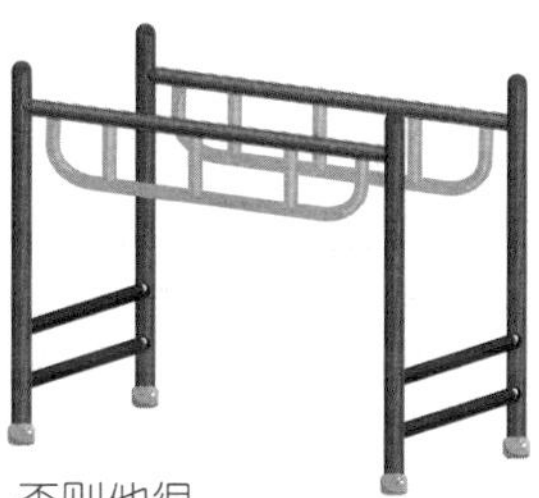

儿童游乐场上的攀登架有各种形状和尺寸——包括攀岩、弓形攀登架、垂直和水平爬杆等，这些设备比起其他设备对宝宝的挑战性更大。因此，首先要让宝宝明白怎样从这些攀登架上安全下来，否则他很难完成整个攀登过程。攀登架是公共游乐场伤害事故的高发区，玩的时候一定要注意以下细节：

- **成人不离左右**

对于年幼的宝宝，由于其胳膊肌肉力量还比较弱小，因此刚开始时需要成人的辅助。

- **教宝宝正确的姿势**

要想安全地玩耍攀登架，宝宝首先要学会用双手握住攀登架上的横杆，并能按顺序，等待前面的宝宝先向前移动，随之自己再向前移动。同时要小心前面宝宝移动时，可能荡回来的双腿。当宝宝从攀登架上跳跃下来的时候，要留意不要碰到脚下的其他横杆。提醒宝宝跳下来的时候，双膝要弯曲，双脚着地。

- **提醒宝宝不争抢**

当宝宝从攀登架上爬下来的时候，要注意避开那些正往上爬的宝宝，不要互相竞争，或者试图伸手去够前面距离较远的横杆。

**● 攀登莫贪高**

5岁以下的宝宝上肢力量还比较弱小，应当只攀爬那些相对矮小的攀登架。5～7岁宝宝适合1.6米高度以下的攀登架，7岁以上的宝宝最好只攀爬2.3米高度以下的攀登架。

## 蹦床

玩蹦床对宝宝来说，充满刺激也充满挑战，跳跃和弹起的过程让宝宝感受到酣畅淋漓的喜悦，以下是玩蹦床要注意的几点细节：

**● 3岁以下不适合玩蹦床**

3岁以前，宝宝的身体平衡能力、手脚协调能力和腿的力量都还较弱。尽管有的宝宝很愿意参与，但的确玩不出什么花样，危险系数反而增加。

**● 蹦床必须要全方位无死角软包裹**

蹦床的支撑钢筋必须安全包裹在缓冲物之中，以防宝宝撞到。以前有宝宝的头磕碰到没包裹好的铁管的案例，要想不发生危险，就要防患于未然。

**● 床面要软硬适中**

过软的蹦床支撑力和弹力太弱，宝宝从半空中落下会容易崴脚。过硬的床面弹性也不好，宝宝跳不起来，也容易造成磕伤。

**● 避开宝宝太密集的时段**

在同一张蹦床上如果宝宝太多，尤其年龄各不相同时，反弹力太过悬殊，宝宝们容易控制不好自己的身体叠摔在一起，从而出现危险。

# 安全温馨的亲子游戏

亲子游戏能增进亲子之间的亲密感情，也能促进宝宝的身体发育和社会情感的表达。下面是几款适合不同年龄阶段的亲子游戏以及安全要点。

## “小小指挥家”

**适合阶段：新生儿宝宝 +（+ 代表“或更大年龄”）**

宝宝听到音乐时总喜欢手舞足蹈，像小小指挥家。音乐游戏可以愉悦身心，锻炼小手小脚协调力。在宝宝的手上拴一件手腕玩具（布制或塑料为好），以激发宝宝摇晃小手的兴趣。

**安全要点** 为宝宝擦净小手，指甲剪短，避免划伤自己。音乐以舒缓的节奏为宜，激烈、刺激的重金属音乐会伤害宝宝的听力，也会给宝宝带来恐惧的情绪。

## “听妈妈在哪里”

**适合阶段：抬头期的宝宝**

让宝宝俯卧，妈妈在宝宝身体一侧轻轻呼唤，宝宝听到妈妈的呼唤会转头来找妈妈，熟练后再换至另一侧。游戏能锻炼宝宝的听力和控制自己上半身肌肉的能力。

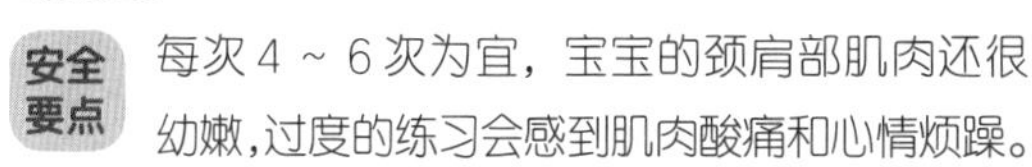

**安全要点** 每次 4 ~ 6 次为宜，宝宝的颈肩部肌肉还很幼嫩，过度的练习会感到肌肉酸痛和心情烦躁。

## "小脚蹬小车"

**适合阶段：学习爬行的宝宝**

让宝宝仰卧，轻轻握住宝宝的左脚踝帮他屈膝，再慢慢拉直。然后换另一只小脚屈膝、拉直，两只小脚交替各做 10 次。同时温柔地对宝宝念叨："小脚小脚好厉害，1234 蹬小车"。帮助宝宝锻炼下肢肌肉的灵活性和力量感。

**安全要点** 如果宝宝小腿不配合你的节奏，千万不要硬拉，小腿韧带可是很容易扭伤的。只有吸引住宝宝的注意力，他才会乖乖配合跟你互动游戏。

## "你追我赶争第一"

**适合阶段：学走路的宝宝**

为了鼓励宝宝勇敢地迈出第一步，妈妈可以和宝宝玩竞走游戏。在不远处的“目的地”放上宝宝最爱的玩具，然后自己和宝宝比赛走路，看谁先拿到玩具。

适合在室内玩，给宝宝穿防滑鞋或带胶粒的防滑袜，地板比地砖更适合宝宝学步。

## "拉大锯，扯大锯"

**适合阶段：1岁以上的宝宝**

“拉大锯，扯大锯，姥姥家唱大戏”，这耳熟能详的儿歌，也是流传已久的传统游戏。不过成人和宝宝你拉一下我胳膊，我拉一下你胳膊，往往容易在互相拉扯中用力过猛，从而导致宝宝肩关节拉伤。

由大人来负责控制游戏力度，用自己的手臂保护和缓冲宝宝的拉力。

**提醒妈妈**

### 哪些亲子游戏有危险

**● 转圈圈**

双手抓住宝宝的两个小手腕，抡起来一圈圈的转。这种游戏虽然很刺激有趣，但是不太安全，在离心力的作用下，容易使宝宝的手腕或肩关节脱臼。

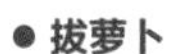


有些大人想试一试宝宝有多重，或者想逗宝宝开心，双手捧着宝宝的小脑袋或只拽住宝宝双手往上拔。NO！这种机械动作最容易拉伤宝宝幼嫩的关节了。

# 儿童自行车的安全

儿童自行车对宝宝的诱惑力，不亚于汽车对成人的诱惑力。可是，也常有宝宝因为骑自行车而受伤的事情。要想让宝宝骑得高兴，又让父母放心，选车和安全意识两样都不能少。

## 选一辆合乎国家标准的儿童自行车

- **符合国家安全规定：**根据国家标准儿童自行车安全的规定，儿童自行车鞍座上升到最高的高度不可超过 65 厘米。宝宝的四肢能触及到的部位都不能有尖锐边角。脚蹬防滑，手闸灵敏。
- **必须安装辅轮：**为保护宝宝在骑行中的安全，按国家标准规定，儿童自行车必须装有辅轮。所以父母不要擅自拆下自行车的平衡轮，在宝宝 5 岁之后再尝试拆辅轮比较稳妥。
- **自行车必须装有链罩：**保证链罩包裹住链轮外圈至少 90 度，避免宝宝的手指或身体其他部位卷入链条。
- **经常保养：**儿童自行车和成人自行车一样，也需要保养。要经常检查一下小自行车，看看车胎充气是否足，车闸是否好用，螺丝有没有松动。特别是宝宝长时间不骑再拿出来时，一定要检查仔细。
- **接收二手自行车先“年检”：**二手车接手之后要检查一下自行车各部位是否运行正常：车闸是否管用；螺丝是否齐全；链条紧不紧；脚蹬转动是否自如。

## 宝宝骑自行车的 3 点注意

- **不上路**：儿童自行车只能作为宝宝户外活动的一种玩具，不能当作交通工具让宝宝在混行路上骑行。
- **不飙车**： 如果宝宝年龄较小，骑车时一定要有人陪在他身边，不要让宝宝跟小朋友比赛骑车。
- **不超前**：有的父母认为宝宝长得快，买大轮自行车骑的时间长一些。这样做不可取，因为适合大孩子的车超出了宝宝的控制能力，容易出危险。

# 冬天玩雪的安全

喜欢玩雪是宝宝的天性，但是下雪时天气非常寒冷，地上也比较滑，宝宝玩雪时应该做好以下保护措施。

## 玩雪时的穿戴

下雪时，必须给宝宝穿戴完备再出发，以防冻伤。羽绒服要暖和合身，不要穿长款的大衣或者戴长围巾，否则很容易被绊倒。最好戴五指分开、有防水效果的手套。鞋要有很好的防滑效果，帽子要有防风护耳的功能。户外活动肢体末端血液循环尤其缓慢，只要保护住手脚、耳朵，基本就能杜绝冻伤。玩雪的时间不要过长，否则很容易感冒。宝宝的衣服和鞋袜出汗湿了以后，应该及时更换，随时注意保暖。

## 玩雪时的工具

宝宝的手指娇嫩，为了不被冻伤，最好给宝宝准备挖雪工具，沙滩玩具里的小锹、小桶都很适合。提醒宝宝不要用小手长时间接触雪，因为宝宝表达能力不足，玩得兴起时，即使手指很冷也常会忘记说。

## 打雪仗的安全

打雪仗要选择平坦、开阔的地带，以防积雪覆盖的地面有坑洼凸起的地方，宝宝会摔倒。雪球不要团得过大、过硬，扔雪球时用力要适度，以防打伤其他宝宝。还要提醒宝宝不要把雪球扔到别人脸上或者脖子里。父母要时刻注意过往行人及车辆，提醒宝宝躲避，以免发生危险。

## 不要吃雪

玩雪时提醒宝宝不能吃雪。虽然雪看起来洁白干净，但实际上并不卫生。雪里含有害物质，这些病毒、细菌耐寒力都很强，随便吃雪对身体有害。

安全检查清单

## 检查你家的玩具箱

拉开家里的玩具抽屉，打开玩具箱的盖子看看。不知不觉中家里的玩具越来越多，越来越杂乱。而且其中很多玩具值得注意了。

□ **毛绒玩具**：和其他材质的玩具混杂在一起，会让毛绒玩具加快变脏。细纤维毛绒会吸附铁锈、碎屑、印刷品的铅印。该清洗了！

□ **铁皮玩具**：掉落零件、露出内部机械构造的铁皮玩具有安全隐患，确定修不好的残破铁皮玩具干脆淘汰掉。

□ **电动玩具**：检查一遍所有电动玩具的电池，有的电池因为过久不用忘记取出，已经发生漏液、膨胀，应及时丢弃。长时间不玩的玩具，最好将电池取出。

□ **小零件玩具**：积木、串珠、过家家玩具往往由很多很小的零件组成。买回家玩几次，堆放在玩具箱里渐渐就会丢失不全了。集中收纳是个好办法，不容易丢失，也不会沾染其他杂物的灰尘。

第七章

# 宝宝的户外安全

本章告诉父母在带宝宝出行之前，有必要先了解一些和户外安全有关的知识。

到户外去玩耍，对宝宝来说很有吸引力。辽阔高远的天空，棉花糖一样的云朵，徐徐微风吹来，小溪流水潺潺，蜻蜓、蝴蝶在花丛中飞来飞去，就连落叶、泥土、沙子都那么好玩，这些可比家里的布书、积木和动画片生动有趣多啦。的确，读万卷书不如行万里路，多带宝宝到户外可以开阔视野，增加认知能力，也多了很多学习人际交往的机会。户外和煦的阳光可以帮助宝宝更好地补钙，哪怕是冷空气也能提高宝宝上呼吸道的抗病能力。到户外去，可以让宝宝更快成长。但是，父母在带宝宝出行之前，有必要先了解一些和户外安全有关的知识。比如，婴儿推车的选择，宝宝坐汽车、火车、飞机的注意事项，郊游需要注意的问题，如何与户外的花花草草、猫猫狗狗保持安全的距离，怎样远离公共场合的危险隐患等等。做好了充分的安全准备之后，快乐难忘的亲子户外时光就真正地属于你们啦。

# 挑选安全舒适的婴儿推车

婴儿推车可以算是宝宝来到这个世界后乘坐的第一辆“车”。如果想选一辆安全、舒适的婴儿推车，繁复花哨的多功能、时尚的图案和装饰物都不是最重要的，那么挑选婴儿推车最应该注重些什么呢？

以结构相对复杂一些的可调节式婴儿推车来举例，选车时骨架、面料、座垫、安全带、刹车等等都需要仔细勘察。车型以简洁大方为宜，装饰物和其他功能越少越好。（伞车的选择标准也可依此参考。）

1 **遮阳篷**：遮阳篷上最好有开窗的透明设计，方便随时探视宝宝在车内的状况。

2 **面料**：选择透气易洗的面料，可拆洗设计也很重要。勿选过于鲜艳繁杂的图案，淡雅色系的纯色更能在纷繁嘈杂的户外安抚宝宝情绪。

3 **椅背**：椅背分为可调整与固定角度两种，1 岁以内的宝宝需要能多角度调节的椅背，睡着时放平，坐起可以扩宽视野。

4 **车架**：铝合金相对轻便，主体以铝合金车架为宜，收车后方便一手抱宝宝一手拿车。

5 **把手**：分为定向和双向两种，双向把手可以面对宝宝推车，更为安全。有的把手还可以根据推车人的身高调整高度。

6 **安全带**：任何一款推车都应该有安全带设计，保护宝宝不会跌落车外。

7 **前护栏**：护栏坚固很重要，能够保护宝宝，防止向前摔落。

8 **置物篮**：通常位于婴儿推车下方，便于放些宝宝的常用物品。不宜堆放过多过重的物品，否则会影响推车的灵活性。

9 **刹车装置**：刹车是婴儿推车上必备的安全设备之一，防止溜车。

提醒妈妈

## 婴儿推车使用安全注意

**● 按照宝宝的年龄选车**

考虑到安全问题，要避免超龄使用婴儿推车。

**● 使用前检查车辆安全**

每次使用婴儿推车前都查看一下推车的安全和灵活性。

**● 必须系安全带**

宝宝坐车一定要系好腰部安全带，松紧度以能放入大人四指为宜。

**● 不能留宝宝单独在婴儿车内**

宝宝在婴儿推车里时全程都要有成人在身边。

**● 二手车不能超过使用年限**

婴儿推车的安全使用年限是四到五年，最好不好超期使用。

**● 不要忽视小细节**

上下台阶时不要连宝宝带车一起提起，收车时不要让宝宝靠近。

# 背着宝宝安全出行

从古代开始，人们就有把宝宝绑在身上的传统，以解脱出双手做其他事情。只不过经过现代改良以后，市场上出现了各种各样花色漂亮的背宝宝小工具，方便父母背着宝宝安全出行。下面是市场上常见的背宝宝工具以及安全提示。

## 婴儿背带

这是短距离出行时婴儿推车的替代品，把宝宝背在身上可以让他视野更开阔，趴在妈妈爸爸身上也更有安全感。

**适合年龄：** 3 个月 ~1 岁之内的宝宝常用。竖头不稳不适合竖抱，不能使用背带 。

**安全提示** 婴儿背带使用时间不长，不要迷信价格昂贵的国际品牌，只要能满足承重力和舒适性就可以了。因为需要宝宝分腿坐在背袋里，要重点检查腿圈部位的设计是否合理，千万别勒到宝宝。

## 婴儿背巾

背巾通常就是一块布通过吊环打结的方式把宝宝绑在胸前或身后，这种背宝宝的方式在日本、台湾地区和我国少数民族地区比较多见。好处是面料更轻薄，颜色鲜艳，塑形性好。

**适合年龄：** 如果使用方法得当，能用到宝宝两三岁。

**安全要点** 注意背巾的使用方法，如果宝宝长大了，体重增长之后，继续选择蜷缩的姿势，会让宝宝在没有支撑点的背巾里不舒服，要换其他姿势。

## 婴儿背架

背架有固定的架子，有的还兼顾防雨防晒的功能，适合用于带宝宝去较远地方或者旅游踏青，既可以背宝宝，还可以放置各种各样的小杂物，奶瓶、尿布、纸巾等。

**适合年龄：**体重在 20 公斤以下或身长在 105 厘米以内的宝宝。

**安全要点** 一般在户外登山时常用婴儿背架，使用前检查扣锁的安全性。在户外使用，将宝宝放下时，注意地面平整，不要让石块、树枝等伤到宝宝。

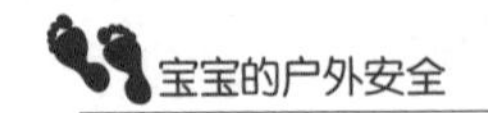


# 带宝宝乘车
# 要避免的 8 个错误

以为不坐公共交通工具，在私家车里宝宝就舒服、安全了。因为忽略了好多细节，私家车也会伤害到宝宝的安全。

**错误1 宝宝自己上下车**

相对于宝宝体重，汽车门显得很重。让宝宝自己上下车可能被车门夹到或不小心摔倒。建议父母帮助宝宝开关车门，扶上扶下，并检查车门是否关好。

**错误2 宝宝坐副驾驶位置**

一旦发生碰撞时，副驾驶前方的安全气囊会瞬间弹开，弹开的位置正好是宝宝的头顶，造成严重的伤害。12 岁以下的宝宝必须坐在后排的安全座椅里。

**错误3 将宝宝独自留在车内**

如果宝宝在车内误动开关被反锁在车内，停在室外的汽车内外温度会相差 7℃ ~10℃。而密闭性好的汽车，车内空气很快就会变得非常稀薄，有窒息危险。

**错误4 行车时给宝宝吃东西、玩玩具**

行车时给宝宝吃东西，特别是吃果冻、坚果等，无论是刹车还是颠簸摇晃都可能噎着，严重的还会导致窒息。而在刹车的情况下，玩具有可能剐伤、扎伤宝宝。给宝宝讲故事、听音乐倒是安全的办法。

### 错误5 宝宝把头探出车窗

若引擎熄火，车窗自动关闭，会夹伤宝宝的头部或小手。如果有车窗中控锁，宝宝上车后要由司机反锁好车窗锁，及时制止宝宝把头或手伸出车窗。

### 错误6 抱着宝宝乘车

发生事故时，父母根本无力抱住怀中的宝宝。同时因为宝宝坐得比较低，头部刚好在父母的胸部，发生猛烈碰撞时，父母的胸部会猛烈压下宝宝的头颈。

### 错误7 车内堆砌花哨的装饰品

车内不要装饰有尖锐的和过硬的东西。一旦有急刹车或大振动，这些饰品就可能伤到宝宝。如果需要，车内放些简单的饰品就好了。

### 错误8 边开车边和宝宝说笑

路面情况相当复杂多变，父母将注意力分散在宝宝身上会严重影响行车安全。司机千万不要与宝宝说笑。

# 私家车宝宝分龄安全提示

一家人开着车行驶在路上，会感觉车内无比的温馨。不过车里如果有个调皮宝宝的话，一些安全准备工作就必不可少了。

## 0~9个月

● 宝宝必须坐在安全座椅里，安全座椅要放置在后排座位上。切忌抱着宝宝坐在副驾驶座位，许多本不应该发生的安全事故都是由此引发的。

● 汽车行进中尽量不要给宝宝喂奶和喂食物，汽车的颠簸可能导致宝宝被呛到。条件允许的话，最好将汽车停在安全地带，再给宝宝喂奶。

## 10个月~2岁

● 宝宝容易被车里的按钮、把手吸引，开车之前确保锁好车里所有的门，尤其是宝宝触手可及的门。

● 宝宝不愿意一直呆在安全座椅里，对安全座椅的反抗是一个必然阶段。你需要做的是坚定地告诉宝宝，只要汽车在行驶，他就应该一直坐在安全座椅里，这没得商量，否则就不开车。如果宝宝再抗拒安全座椅的“束缚”，你一定要坚持以上的态度。

● 如果宝宝有晕车的问题，最好不要在乘车前给他喝奶，以辅食代替奶会减少晕车呕吐。不要给宝宝穿得太厚，体温高也会加重晕车。

## 2~3岁

● 多跟宝宝聊聊窗外看到的事物，把他的兴趣点分散一下，他就会觉得坐车时光很有趣了。

● 两岁多的宝宝已经能完成成人的简单指令，在宝宝主动配合坐安全座椅和系好安全带时，要及时表扬和鼓励他。但是请注意，不要让宝宝自己系安全带，插扣很容易夹伤宝宝的小手。

## 3~6岁

● 可以在适合的时候和宝宝讨论安全的话题，告诉他注意安全、会自我保护是好的行为。可以在车内和宝宝玩角色扮演的互动游戏，让他挑选扮演航天员、飞行员还是赛车手等等，以此来鼓励他主动坐在安全座椅里，用游戏的方式度过开车时的轻松时光。

● 可以准备些贴纸书之类的简单书籍，在车内听听儿童故事、轻柔的音乐。

● 不能让宝宝自己上下车，下车时他们可能正好踩在一个坑洼处，甚至后方突然冲出一辆摩托车，对于宝宝来说非常危险，建议父母亲自照顾他们上下车。

每次开车带小朵出门时，我都记得打开后门的儿童安全锁。这样的话，即使打开中控门锁，后门仍旧是锁死的状态，以防宝宝自己打开车门，发生危险。如果想要打开后门，只能成人从外面拉开车门。

——小朵妈（小朵，4岁）

# 正确使用儿童汽车安全座椅

在交通安全的危急时刻，安全座椅能最大程度保护宝宝的生命安全，这是有许多统计数据为依据的事实。既然安全座椅这么重要，那么该怎么选，怎么使用才能真正发挥它的作用呢？

## 婴儿安全座椅

**适合的宝宝：10 公斤以内**

婴儿安全座椅是面朝车尾方向安装，设计原理是当意外来临时，绝大部分来自车前方的巨大冲击力会被椅背吸收，剩下的小部分的冲击力也会作用在宝宝身上相对最强壮的背部，把可能伤害降到最低。婴儿安全座椅可调节底座角度，将底座角度调节到 45°是最稳固、安全的角度。如果座椅安装角度过平，在遭受巨大的突发冲击力时，宝宝脆弱的头部就可能瞬间前倾，非常不安全。

## 幼儿安全座椅

**适合的宝宝： 10~18 公斤**

随时注意汽车安全座椅的高度，如果宝宝的头部高过椅背，说明该买个大一些的了。宝宝 2 岁左右的时候，体重差不多会超出婴儿安全座椅的最高限定标准，这时就需要给宝宝换用幼儿安全座椅了。幼儿安全座椅安装方向朝前，有必要的话，把浴巾叠成薄枕，垫在汽车安全座椅里宝宝腰部的位置，尽量让宝宝感觉视野宽广、坐姿舒适，而不是窝在安全座椅里。

## 加高座椅

**适合的宝宝：18 公斤以上**

许多父母认为 4 岁以后的宝宝可以不必使用安全座椅，直接使用汽车安全带就可以了，事实并非如此。由于宝宝身材较成人矮小，突发情况时巨大的冲击力可能会使安全带勒伤宝宝的腰部或脖子，严重时会损坏内脏器官，甚至导致窒息。加高座椅有两种类型：无背式增高坐垫和高背式加高座椅。

## 安全座椅使用误区

● **不能安装在副驾驶位置**

意外发生时，副驾驶位置安全气囊打开的力量可能对宝宝造成伤害，甚至导致宝宝死亡。12 岁以下的孩子永远不应该坐在前座，以防止面部灼伤或致命的颈部伤害。安全座椅应该安装在汽车中最安全的部位——后排座的中间位置。比起后排的其他位置，据统计，将安全座椅安装在后排座中部，能使宝宝在事故中受伤的几率降低 43%。

● **不要在安全座椅上额外添加靠垫或座垫**

如果在安全座椅上额外添加靠垫或座垫，给宝宝裹上毯子或穿着厚厚的大衣等，都容易导致安全带无法绑紧，存留安全隐患。

每次宝宝坐车烦了，闹着要从安全座椅里出来的时候，我都和他一起玩“找形状”的游戏。比如找“圆形”，宝宝会把他看到的圆形都指出来，圆圆的按钮、鸟窝、太阳，谁找到多谁就获胜。

——虎子妈（虎子，3 岁半）

# 公共交通工具的安全细节

在地铁、公交车里哪些位置最安全？乘坐公共交通工具最应该牢记的是什么？以下是乘坐公共交通工具要注意的细节。

## 地铁

- **宝宝在婴儿推车里时不要直接推入车厢**
- **乘坐上下扶梯时收好婴儿推车**

推车宽于扶梯，架在两级台阶上总有轱辘是悬空的，稳定性很差，容易发生危险。请收好推车，抱着宝宝乘坐扶梯，或改乘厢式电梯。

- **不要连宝宝带婴儿车一起推入车厢**

车厢和站台有不能闭合的缝隙，情急中推车前轮很容易卡在缝隙里，非常危险。

- **第一节车厢空气相对好**

行驶中的地铁里空气流通是从首节车厢往后循环的，因此首节车厢里的空气相对较好。而且靠站台位置较偏，人流相对也少，便于带宝宝上下车。

## 公交车

- **最好准备婴儿背带以备不时之需**

如果车内较拥挤，或者没有空座位时，用背带背着宝宝是最安全的方式，可以空出手来牢牢扶住扶手，不容易踉跄甚至摔倒。

- **不要让宝宝自己坐一个成人座位**

宝宝体重较轻，紧急刹车或拐弯时容易被惯性或离心力甩出座位，磕碰受伤，一定要由成人抱着宝宝坐在座位上。

- **车内最安全位置是“老、弱、病、残、孕黄色专席”**

黄色专席一般设在车内中前方，便于上下车，而且据统计也是车内最为安全的位置，最好带宝宝坐黄色专席。

## 出租车

- **不坐副驾驶位置**

和乘坐私家车一样，坐出租车也不能抱着宝宝坐在副驾驶位置。正确的做法是和宝宝坐在后排。

- **不用车内的成人安全带**

开自驾车用惯安全座椅和儿童安全带的父母，因为安全意识的提高，可能喜欢在出租车内给宝宝系上成人安全带。殊不知成人安全带是根据成人身高设计，拦在宝宝身上高度正好卡在颈部，反倒更加危险。

## 火车

- **上下车时最好由父母抱着宝宝**

火车的台阶比较高，这样可以防止宝宝上下车时出现摔伤。

- **长途旅行最好选择卧铺**

　　卧铺最好是下铺，夜晚睡觉时也可以避免宝宝从上铺摔下来。

- **不让宝宝在车厢过道玩耍**

　　宝宝在车厢穿行时要有成人保护，尤其是坐硬座时，车厢里人多人杂，父母只有时刻紧盯宝宝，才能保证他的安全。

## 飞机

**● 2 岁以下要系好婴儿安全带**

2 岁以下的宝宝搭乘飞机没有座位，要一名成人抱着宝宝。登机后记得跟空乘人员索要婴儿安全带，把宝宝安全地固定在成人身上。

**● 宝宝勿坐靠过道座位**

宝宝喜欢伸出手四处探索，为了避免被过往乘客撞伤，不要将宝宝安排在靠过道的座位。

**● 穿纸尿裤代替去机上洗手间**

在飞机全程给宝宝使用纸尿裤是最方便、最安全的做法。

**● 不要喝热的饮品**

如遇到气流，热饮有可能洒到宝宝娇嫩的皮肤上，甚至有可能造成烫伤。

## 轮船

**● 自备救生圈**

出发前最好在行囊中预备一个便携式气枕或者充气式救生圈。

**● 在甲板上小心再小心**

宝宝在甲板上玩耍时，一定要让他在你的视线范围内，保证安全。在甲板的时间不宜过长，一来不安全，二来海风容易让宝宝感冒。

**● 不到人多一侧的甲板凑热闹**

带着宝宝在甲板观景时切莫跟着人群随大流地拥向船的一侧，以防人多拥挤，发生意外。

# 排除小区内的安全隐患

小区可以算是一个家庭最熟悉也最方便的户外空间了，小区环境对于成人来说司空见惯，但对于小小的宝宝来说可能就是“步步惊心”。没关系，只要成人多留心，排除对宝宝来说的隐患就 OK 了。

1 **让宝宝在自己视线之内活动**

即使在熟悉的小区里活动，也要把注意力放在宝宝身上。不要光顾着自己打电话、和熟人聊天。

2 **自行车存放处附近不宜玩耍**

不要带宝宝去存车处玩耍，宝宝好奇心强，东摸西钻，容易发生车倒砸伤的问题。

3 **不熟悉的狗不去逗弄**

不要让宝宝上前逗弄小狗，即使看起来很温顺，也有可能咬伤宝宝。为了避免不必要的危险，还是让宝宝和别人家的狗保持一定的安全距离为好。

4 **运动设施不是给宝宝准备的**

小区里的健身器材对于宝宝来说是庞然大物，而且非常沉重并不容易控制，容易砸到宝宝。除了跷跷板是儿童专用之外，其余设施最好不要让宝宝参与。

5 **不在汽车用道玩耍停留**

有些老小区的停车位在地面上。小区里车道纵横，上下班高峰时车流不息。不要带宝宝在车道停留，一来不安全，二来尾气聚集对宝宝的呼吸道也不好。

6 **让宝宝远离停驻车辆的尾部**

即便是停在小区里的车辆，也不要让宝宝在车尾部附近玩耍，如果车里有人是随时可能把车开动的。宝宝身材矮小，在汽车后视镜里处于盲区，看不到宝宝在车尾活动，很多意外就是这样发生的。

# 公共场所安全解决方案

公共场所各种人员混杂、人潮涌动，带宝宝去公共场所要格外注意，关注宝宝行踪，注意电梯和旋转门的进出安全和防范坏人。

## 人流密集

像超市、车站、游乐场都是人潮如织、人流密集的地方，尤其要时刻把注意力集中在宝宝身上。有些人全神贯注地看商品、查车次，忘记注意旁边的宝宝。宝宝太矮小，可能会被路人碰倒或踩到，或者好动的宝宝已经自己走失了。

**安全方案** 抱着宝宝在街上走的时候尽量往里靠，最好用婴儿背带把宝宝背在身上。推婴儿推车时不要一心二用，和别人闲聊、打电话、玩手机，要让宝宝始终在你的视线之内活动。

## 电梯安全

最近滚梯上儿童安全事故频发，有些是因为宝宝穿戴惹的麻烦，比如连续发生过多起“洞洞鞋”被卷入滚梯缝隙的案例。而直梯的厢门开合很快，要抱起宝宝上下电梯，绝对不允许宝宝单独进入电梯间内。

**安全方案** 如果不抱起宝宝，也要牵手进电梯间，而且用自己的手挡在电梯门上，电梯门有光感应，挡一下门防止夹伤宝宝。

## 旋转门安全

很多商场、饭店的正门是旋转门，这种门对于宝宝来说危险系数会立刻增大。门的缝隙容易夹手，宝宝走得过快或过慢，都容易被门撞到。

**安全方案** 尽量抱起宝宝通过旋转门，保持所站位置一直在门内空间的中部。绝对不允许宝宝自己进入旋转门。

## 别被坏人盯上

出门在外，尤其在人多嘈杂的公共场所，宝宝被拐、被抢虽然是小概率事件，不过一旦遇上，就是百分之一百的悲剧。千万不要认为拐宝宝的坏人都是恶狠狠的样子，相反，多数骗子都是笑脸相迎，看起来非常和善的面孔。有的为了达到目的，可能想办法和你混熟，目的就是让你麻痹大意，放松警惕，再找寻机会下手。

**安全方案** 谢绝刚认识的人帮你照看宝宝的要求，如果需要别人帮忙，自己也不要离开太远太久。宝宝大一些后，告诉他万一和父母走散，正确的做法是求助于正确的人，比如穿制服的警察叔叔，商场里佩戴工牌的阿姨或叔叔，报刊亭里卖报纸的人，或者其他小朋友的妈妈等等。最好平时教会宝宝背下妈妈或爸爸的手机号码。

# 郊游时的安全注意

郊游是亲近自然的好方法。出游一整天，大多数时间呆在户外，有什么特别需要知道的安全注意事项呢？

**1 防晒是必修功课**

除了在夏日给宝宝涂上儿童防晒霜之外，透气的薄款长袖衣裤也要随身备用。另外，遮阳帽、太阳镜都是不错的防晒单品。

**2 小心蚂蚁来分享美食**

野餐时要及时拍掉宝宝身上的食物残渣，清理野餐垫上掉落的食物碎屑。不要让宝宝直接坐在草地上过久或者背靠大树过久，随身携带足够的垫子很必要。

**3 登山要穿儿童登山鞋**

宝宝也要穿专门的登山鞋爬山。登山鞋有专业保护脚踝的设计，即便稍微扭一下，鞋帮和鞋底也能很好地保护宝宝的脚不受伤害。

**4 不穿明黄色的衣服**

在户外，各种飞虫最喜欢萦绕在明黄色附近。穿着黄色的衣服，一定会招致很多小飞虫落在身上，赶都赶不走。所以，明黄色的衣服尽量少穿。

**5 选择适合宝宝的采摘品种**

像草莓、樱桃这类容易摘下的水果就很适合宝宝采摘，既安全又容易有成就感。不要选那些枝干多刺、茎蒂过硬或者需要剪刀才能完成采摘的蔬果品种，避免宝宝受伤，失去对大自然的兴趣。

# 水边安全别马虎

海边、湖边、水上乐园……虽然很难抗拒清凉如水的诱惑，不过毕竟水火无情，在水边嬉戏还是需要作好一些安全准备。

## 海边

**● 不让宝宝单独在沙滩玩**

即使看起来海岸线很平静，但是海水涨潮是非常迅速而且不易察觉的，父母要时刻关注在海滩玩耍的宝宝。

**● 不在码头、桥墩附近玩**

如果海浪突然涌来，拍溅在障碍物上会溅起两倍高的浪花。告诉宝宝不要在靠近码头或桥墩的岸边玩耍。

**● 沙质不细要穿鞋**

光着小脚丫感受沙滩的细腻当然最好，但如今大多数海滨浴场难以做到沙质完全细腻。如果沙质比较粗糙，一定让宝宝穿上鞋子玩耍。

**● 小心水母**

浅海边有可能会遇到水母，如果宝宝被水母蜇伤，不要擅自处理，一定要及时就医。

## 人工湖

**● 要与湖水保持安全距离**

带宝宝在公园湖边玩耍时，一定要注

意和湖边保持一定的安全距离。因为公园湖边常常苔藓丛生，如果不小心被苔藓滑倒，就很可能失足滑进湖里。

**● 划船时安静坐好**

划船时注意不要让宝宝在船上站起身玩闹。左右摇摆的船很容易导致宝宝重心不稳，失足落水。

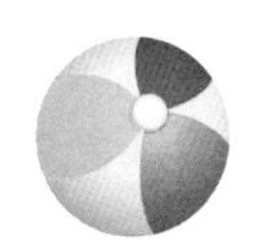

## 水上乐园

**● 最好穿连体游泳衣**

玩水上滑梯等一些游戏时都会和游乐设施产生摩擦，给宝宝穿连体游泳衣可以包裹住躯干，保护儿童的皮肤。游泳衣不要有系带，避免在游戏中发生刮扯。

**● 玩适龄的游乐设施**

水上乐园里每个大型游乐设施的规则都不同，每玩一个项目之前，父母要先认真阅读场地外的安全提示，弄清水深和建议事项，参考自己宝宝的年龄、身高是否符合要求，超龄的刺激项目对宝宝的身体健康和心理健康都有安全隐患。

**● 转换游乐项目别赶场**

从一个游乐项目走到另一个项目时，拉住宝宝的手，避开人流慢慢走过去。不要奔跑赶场，以防脚下打滑摔倒。一些热门项目避开人流高峰的时候再参与。

# 花花草草的“黑名单”

宝宝容易被花草吸引，喜欢跟花草亲近，这时可一定要注意，有些花草对宝宝来说上了安全“黑名单”，只可远观。

植物中的有毒成分大部分是“生物碱”，这是很多中草药的有效成分，不能直接接触，更不能食用。还要注意成分不明的汁液和刺激的气体。尽管有些花草非常漂亮，但也只能欣赏，不适宜近距离接触。

## 不能摸的植物

| 植物名称 | 科属 | 有毒部位 | 有毒成分 | 症状 |
|---|---|---|---|---|
| 万年青 | 百合科 | 植株 | 生物碱 | 皮炎、奇痒 |
| 含羞草 | 豆科 | 植株 | 含羞草碱 | 毛发稀疏变黄 |
| 仙人掌类 | 仙人掌科 | 刺 | 汁液 | 皮肤红肿、过敏 |
| 一品红 | 大戟科 | 枝叶 | 白色汁液 | 皮肤过敏 |

## 不能闻的植物

| 植物名称 | 科属 | 有毒部位 | 有毒成分 | 症状 |
|---|---|---|---|---|
| 郁金香 | 百合科 | 花朵 | 生物碱 | 头昏脑胀 |
| 接骨木 | 忍冬科 | 枝叶 | 气味 | 恶心、头晕 |
| 松柏类 | 松科、柏科 | 植株 | 松香油 | 影响食欲、恶心 |
| 夜香树 | 茄科 | 植株 | 浓香 | 过敏 |

## 不能误食的植物

| 植物名称 | 科属 | 有毒部位 | 有毒成分 | 症状 |
|---|---|---|---|---|
| 杜鹃花（映山红） | 杜鹃科 | 花朵 | 四环二萜类毒素 | 呕吐，呼吸困难，四肢麻木 |
| 夹竹桃 | 夹竹桃科 | 花、叶 | 夹竹桃苷 | 眩晕、抽搐 |
| 马蹄莲 | 天南星科 | 花朵 | 草酸钙、生物碱 | 昏迷 |
| 水仙 | 石蒜科 | 鳞茎、花、叶片 | 水仙碱 | 呕吐、痉挛 |
| 虞美人 | 罂粟科 | 植株 | 生物碱 | 神经麻痹甚至死亡 |
| 紫藤 | 豆科 | 豆荚、种子 | 金雀花碱 | 呕吐、腹泻 |

# 宝宝 & 小动物的安全距离

在户外难免会碰到这些原本生活在自然界里的小动物们，该怎样做才能和户外的小动物们和平相处、互不伤害呢？

疾控中心公布的最新数据：携带狂犬病毒的动物中，狗占 78.11%，其次是猫和老鼠，分别占 10.16% 和 6.87%。其他温血动物，比如仓鼠、兔子等，也可能携带狂犬病毒。

## 猫、狗害怕和受到刺激时会抓、咬

在户外遇到猫、狗，尤其是流浪的猫、狗时，告诉宝宝千万不要随意逗弄，不要拽猫、狗的尾巴和耳朵，在猫已经做出攻击前的姿势（弓起背，浑身毛竖起）时，更不能凑近，下一步猫往往就要发起攻击了。千万不要去打扰正在睡觉和吃东西的狗或者正在照料小狗的狗妈妈，这时的狗进攻性是最强的。

## 南方山区草丛里常有蛇

通常情况下，蛇见到人会溜之大吉，在有人故意侵犯它时才会咬人。南方地区出现被蛇咬的情况比较多，尤其是在草丛中行走时。所以要告诉宝宝，尽量少在野草丛中行走，如果看到蛇，要原地不动，大声叫爸爸妈妈。如果被毒蛇咬伤，蛇毒会在 3~5 分钟内被身体吸收，但是普通人很难判断哪些蛇有毒，所以被蛇咬伤时，最好直接去医院处理。

## 甲鱼不能用手指靠近

水塘、水库里可能会遇到野生或养殖甲鱼，别看甲鱼行动慢吞吞的，惹急了咬住人的手指可是绝不轻易松口的。宝宝越甩动，甲鱼会咬得越死。只能用甲鱼喜欢吃的肉类在旁边引开它的注意力，让它松口。

**提醒妈妈**

### 动物咬伤热点问答

**Q 哪些动物可能传播狂犬病?**

**A** 除了人们已经熟知的“狗可能携带狂犬病毒”，很多温血动物也有可能携带狂犬病毒。温血动物是指那些能够调节自己体温的动物，比如猫、狼、狐狸、猪、羊等常见家畜，野兔、松鼠、鹿等等。

**Q 狂犬疫苗注射后何时起效?**

**A** 注射第一支狂犬免疫球蛋白可以产生被动免疫，直接就杀死可能已经感染上的狂犬病毒。然后，按要求定期注射三支狂犬疫苗进

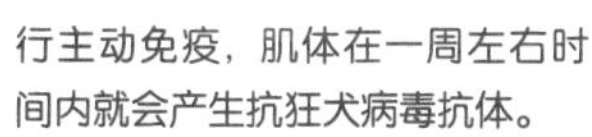

行主动免疫，肌体在一周左右时间内就会产生抗狂犬病毒抗体。

**Q 被蛇咬后为什么要打血清?**

**A** 打血清是一个解毒的过程。抗蛇毒血清是用蛇毒注射动物后，动物产生的抗体经提纯而成，内含高价抗蛇毒抗体。当被蛇咬后，蛇毒进入肌体，对人而言，就是抗原。注射抗毒血清，抗体中和毒素，抗原抗体产生特异性结合，使毒素失去活性，最后就会被吞噬细胞所清除、排出了。

# 远离虫虫的安全法则

宝宝好奇心强，即使看到虫虫，也忍不住抓来玩一玩。该如何帮助宝宝远离虫虫呢？

## 蚊子

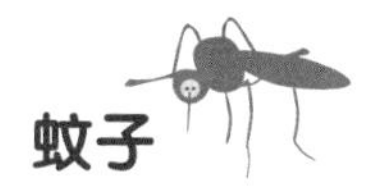

蚊子最喜欢宝宝幼嫩的皮肤和香甜的血液。要避免在草丛、池塘附近停留过久，尽量在通风处玩耍，在户外挥动点燃的艾蒿草驱蚊最有效。蚊子会被汗味和花香味吸引，要经常洗澡，别用花香驱蚊液。被蚊子叮咬后皮肤留下很痒的红包，牙膏、宝宝金水、花露水都能帮助宝宝止痒，待四五天后可以自行消退。

## 毛毛虫

最吓人的虫虫就是毛毛虫了，浑身毛刺还蠕动不止。毛毛虫一般不会主动发出攻击，所以千万不要让宝宝好奇去抓毛毛虫。毛毛虫身上的毒刺会分泌毒素，一旦被毒刺蛰到，皮肤上会出现许多粒状红色小包组成的肿块，又疼又痒。可以用肥皂和清水清洗患处，再涂上些清凉油缓解疼痛。

## 蜜蜂

蜜蜂通常不会主动攻击宝宝，所以要叮嘱宝宝别去招惹蜜蜂，尤其是别捅马蜂窝。如果被蜜蜂蛰到，皮肤上的红色肿块会有疼痛感，肿块中心就是蜜蜂留下的刺。正确处理方法是用卡片或大拇指轻刮皮肤，将刺刮掉，再用肥皂水清洗消毒患处。需要的话可用冰袋冷敷消肿。

## 蚂蚁

北方的黑色小蚂蚁不会也没有力气去主动进攻，而南方常见的那种会飞的大蚂蚁可能会叮咬宝宝。如果宝宝被大蚂蚁叮咬，皮肤上会有很小的红色鼓包，有疼痛感。片刻后鼓包可能会变成小水疱。正确处理方法是用冰袋冷敷被咬的皮肤。

## 蜘蛛

通常颜色鲜艳、花纹繁多的蜘蛛毒性很大，尽量不要靠近。被蜘蛛咬后皮肤会出现水疱，黑寡妇球腹蜘蛛咬过的皮肤还会留下红色印记并伴有剧烈疼痛感。被普通蜘蛛咬过不会有生命危险，如果怀疑是被黑寡妇球腹蜘蛛咬了就得立即就医，这种蜘蛛毒性很大。

**安全检查清单**

### 户外玩耍必备小物

□ 小药包

装好云南白药、创可贴、晕车晕船药、止泻药、扶他林等等常用小药。

□ 一把伞

下雨可以挡雨，晴天可以遮阳。

□ 一件外套

外套能防止晚间回家时气温转凉。

□ 小包装食物

宝宝活动量大，体力消耗快。带上一些可以补充能量的食品，比如独立包装的蛋糕、牛肉干之类。水果切成小块用保鲜盒携带也很方便。

□ 一顶帽子

给宝宝准备一顶帽子，可以保暖、遮阳、挡雨、防风。

□ 宝宝专用防晒霜

不仅在出门前要给宝宝涂好防晒霜，跑动出汗后也要记得补涂一下。

第八章

# 紧急救护课堂

父母是宝宝的第一位急救医生，你必须学会这些常见紧急状况的急救和处理方法。本章将为你上一堂紧急救护课。

# 心肺复苏术

如果宝宝出现呼吸停止或者是心跳骤停的情况，必须立即实施心肺复苏术。这将会对宝宝的最终恢复产生至关重要的影响。下面将告诉你如何为宝宝实施心肺复苏术。

救护者首先要迅速评估宝宝受伤的情况，并判断宝宝是否清醒。可通过轻拍宝宝以及观察对他大声说话的反应来判断病情。不应随意移动或摇晃宝宝，这样会加重损伤。如果宝宝对救护者的呼叫没有反应，或出现呼吸窘迫，则必须要进入心肺复苏的程序。

## 第一步：开放气道

建立和维持气道开放，给予足够的通气支持，是对宝宝进行基础生命支持最重要的组成部分。如果宝宝出现昏迷的情况，由于肌肉松弛和舌的被动后移会导致气道阻塞。一旦发现宝宝昏迷且无呼吸，就应立即开放气道，一般通过压额抬颏手法达到此目的。若怀疑宝宝颈部受伤，要避免压额，应在颈椎完全固定后，使用轻推下颌（伸展下颌）手法开放气道。如果宝宝神志清醒且有自主呼吸，但呼吸困难，此时不要将时间浪费在进一步开放气道上，而应尽快将宝宝转运至具有高级生命支持能力的监护中心。

**压额——抬颏法**（见图 01）

1. 一手放在宝宝前额，轻轻压额将头后仰至中间位置，轻度伸展颈部。

2. 另一手的手指（除大拇指外）放在下颌颏部的骨性部分，将下颌向前、上方抬起。

**特别注意** 不要关闭口腔或推挤下颌软组织，因为这样可能会阻塞气道而不是开放气道。如果看到异物或呕吐物，应立刻予以清除。若有颈椎损伤，不能用此方法。

**推下颌（伸展下颌）法**（见图 02）

怀疑有颈部或颈椎损伤的宝宝，在开放气道时，不可使用压额——抬颏法，而须用推下颌并使之伸展的手法。此法对这类情况的气道开放最安全，因为它可以不通过伸直颈部而达到气道开放的目的。

1. 将两个或三个手指放在各侧下颌角处，将下颌向前、上方抬起。

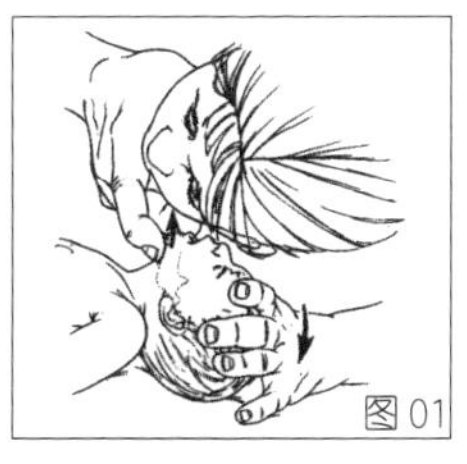

图 01

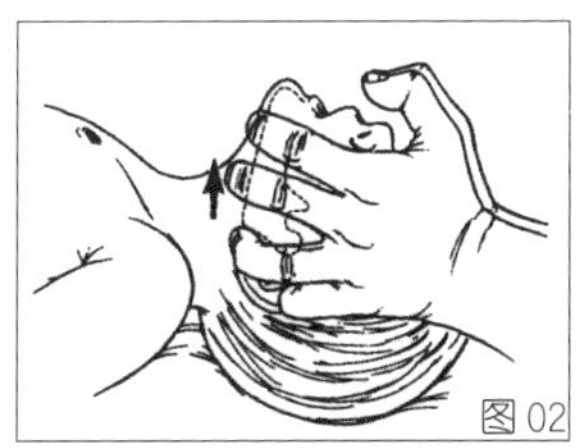

图 02

2. 若推下颌不能开放气道，对无颈椎损伤依据的宝宝，可以加用轻微的压额手法。

如果怀疑宝宝有创伤，且有第二个人在场，则另一人应予固定颈椎。

## 第二步：人工呼吸

如果宝宝没有自主呼吸，通过抬高下颏或推下颌法维持气道开放后，要立即进行人工呼吸。

1. 若是小于 1 岁的宝宝，救护者的口应覆盖其口鼻形成封闭，这样不致漏气。（见图 03）

2. 若是 1 ~ 8 岁的宝宝，救护者的口应覆盖宝宝的口，并用食指及拇指捏紧宝宝鼻孔，同时将其维持头后仰体位。（见图 04）

3. 给予宝宝 2 次慢吹气（每次送气时间 11.5 秒），在第一次吹气后暂停一会儿，待胸廓、肺的弹性回缩，自行完成呼气动作之后，再给第 2 次吹气。

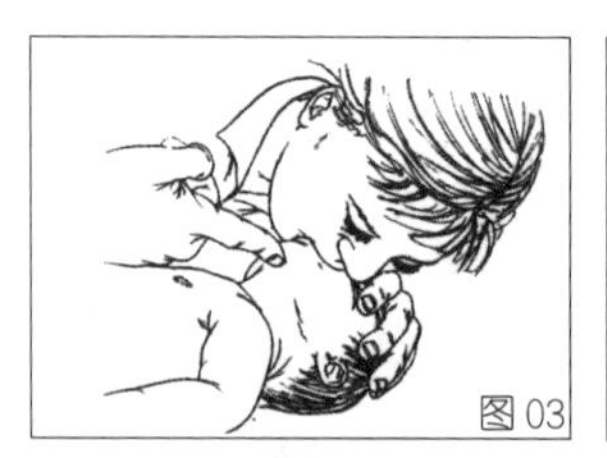
图 03

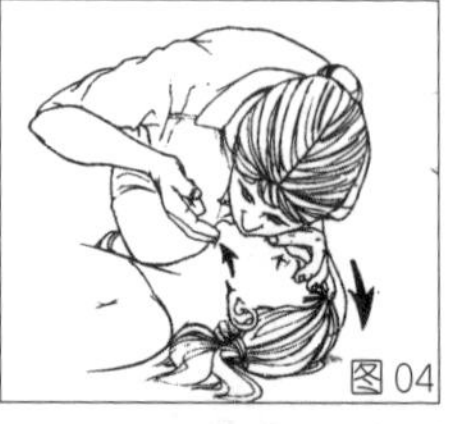
图 04

特别注意 对无呼吸的宝宝而言，人工呼吸是最重要的支持。由于宝宝年龄大小不同，所以不可能精确地推荐一个最佳的压力或容量值。但如果在进行人工呼吸时，宝宝胸部没有抬起，说明通气无效。

救护者要慢慢地吹气，这样才能保证宝宝获得足够的气流量，每次送气能使宝宝胸部抬起说明送气容量正确。

由于气道开放不恰当是气道阻塞最常见的原因，因此救护者在最初人工呼吸失败（如胸部无抬高）后，应再作好开放气道和人工呼吸的准备。此时救护者应移动宝宝的头部使颈部进一步伸展，以达到最佳的气道开放，使人工呼吸有效（见图 05）。但如果怀疑有颈部或颈椎创伤时，不应进行这样的操作。如果宝宝恢复了有效自主呼吸，将其放置于恢复体位（见图 06），并通知医院急救。

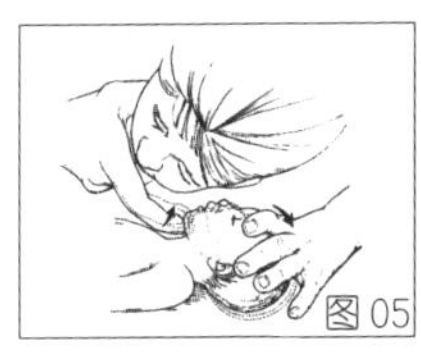
图 05

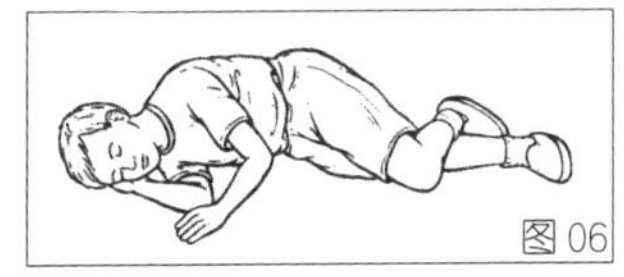
图 06

## 第三步：胸外按压

胸外按压是指连续有节律的胸部按压，以使含氧血到达重要器官（心、肺和脑）。胸外按压需进行到急救人员赶到为止，必须与人工呼吸同时进行。要达到最佳的按压效果，宝宝应仰卧于硬平面上。可以将宝宝仰卧位放在地板上，也可在宝宝身体下放置木板。对于 1 岁以内的小宝宝来说，硬的表面可以是救护者的手或前臂，利用它们与手掌一起支撑宝宝的背部（见图 07）。这个手法能有效地抬高宝宝肩部，并使头轻微后仰，处于开放气道的体位。

**1岁以内宝宝的胸外按压方法**（见图08）

1. 胸外按压的部位是胸骨下半部。救护者一手固定宝宝头部（除非救护者的手在宝宝背部），这样可以不因为重放头部位置而延迟人工呼吸。

2. 救护者用另一只手按压宝宝胸部，按压位置在双乳头连线正下方之胸骨上。要避免按压胸骨最下面的部分（剑突），按压此处可能会损伤肝、胃或脾。

3. 用2～3个手指进行按压，使胸骨下陷深度达胸廓前后径的1/3～1/2。

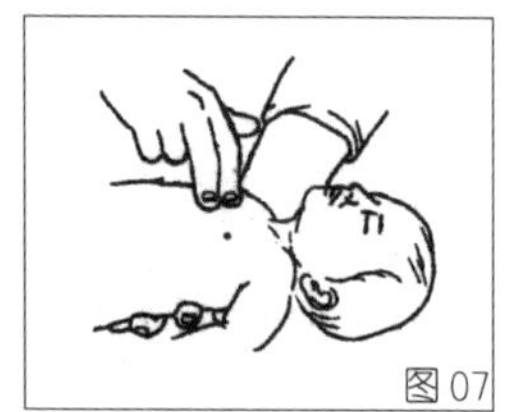
图07

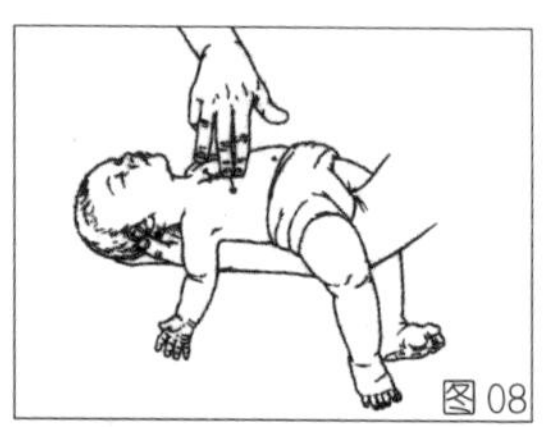
图08

**特别注意** 除新生儿外，按压频率均为100次/分。由于还要人工呼吸，实际上每分钟按压次数没有100次，但要求至少80次/分。按压频率与人工呼吸之比为30：2（一人施救）或15：2（二人施救）。每次按压末放松按压，但不要移动手指位置。按压与放松的时间相等，避免急按。如果宝宝恢复有效呼吸，将其放置于恢复体位。（见图06）

**1岁以上宝宝的胸外按压方法**

1.1岁以上的宝宝胸外按压方法基本与成人相同。用一手维持宝宝头部位置，这样可以进行人工呼吸，而不引起宝宝头部移动。

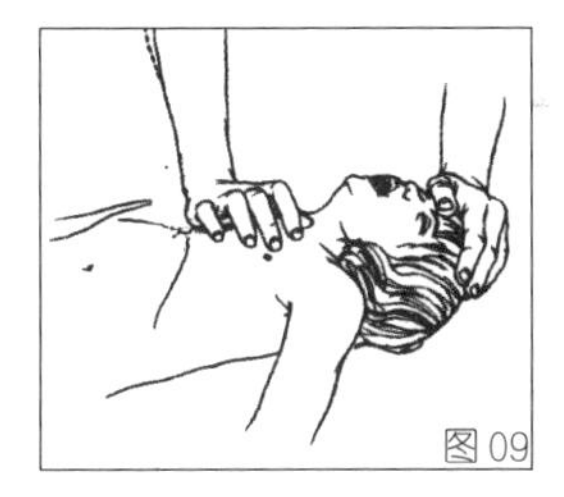
图 09

2. 按压部位为宝宝两乳头连线中点的胸骨上(见图 09)。

3. 将另一手的手掌根部放于上述位置(掌根长轴应在胸骨长轴上),手指抬起,肘关节伸直,利用肩背的力量用掌根进行按压,并注意避免按压胸骨最下面的部分。为加强按压力度,必要时将两手的掌根重叠放置于胸骨上进行按压。

**特别注意** 按压频率不论年龄均为 100 次 / 分。由于人工呼吸时要停止胸外按压,所以实际按压频率约为 80 次 / 分。按压深度为胸廓前后径的 1/3 ~ 1/2。按压必须与人工呼吸协调,按压频率与人工呼吸之比为 30:2(一人施救)或 15:2(二人施救)。按压和放松时间应相等,按压应该是平稳的,每次按压后,手不要离开胸部,即按压胸部的手掌根部位置不可移动。如果宝宝恢复有效呼吸,将其放置于恢复体位。(见图 06)

**提醒妈妈**

## 胸外按压与人工呼吸的协调

● 胸外按压与人工呼吸常同时进行,在每 30 次胸外按压结束后,进行人工呼吸 2 次。经过 5 个循环的胸外按压与人工呼吸后,应对宝宝进行再评估,以判断自主呼吸或脉搏的恢复情况,决定是否需要继续进行按压。

# 异物阻塞气道的紧急救护

宝宝喜欢用嘴探索世界，见到什么都要放进嘴里尝一尝。一旦发生异物阻塞气道的情况，就会非常危险。用正确的急救方法，在黄金时间帮宝宝脱离危险才是最重要的。

## 异物阻塞气道的表现和急救方法

据统计，死于异物吸入的宝宝，90%以上小于5岁，65%是1岁以内的婴儿。若宝宝突然发生呼吸窘迫伴咳嗽、张口呼吸等征象时，就应怀疑有异物吸入阻塞气道。如果看到或高度怀疑宝宝吞下异物，只要其咳嗽有力，救护者应鼓励宝宝连续咳嗽和大声呼吸。一旦出现说不出话、呼吸困难并伴随意识丧失，应立即使用 Heimlich 手法（手推横膈下的腹部）来解除异物阻塞气道导致的呼吸性梗阻。这种手推法可增加胸内压，人为地引起咳嗽，迫使气体和异物排出气道。对于1岁以内的宝宝，推荐使用背部叩击与胸部按压相结合的手法，因为小宝宝肝脏较大而且没有肋骨保护，所以对1岁以内的宝宝使用 Heimlich 手法，肝损伤的危险性很大。

**特别注意** 用手法解除异物气道梗阻后，若看见异物，应将其去除。如果宝宝没有自主呼吸，尝试进行气道开放与人工呼吸；若人工呼吸时胸廓不抬起，要重新移动头部位置使气道开放，再尝试人工呼吸。若人工呼吸还不成功（如胸廓不抬起），应该重复上述手法以解除异物梗阻。不应盲目地用手指清除宝宝吸入的异物，因为这样可能将异物推入气道，引起进一步阻塞。

### Heimlich 手法

这种急救方法适用于解除 1 岁以上意识清楚的宝宝吸入异物所致的完全性气道梗阻。操作如下：

1. 施救者站在宝宝背后，手臂从宝宝腋下环抱躯干。
2. 一手握拳，将拳头的大拇指侧对准宝宝腹部中线处，正好在剑突（胸骨最下面的部分）尖端之下和脐部的稍上方。
3. 用另一手握在此拳头外，尽力作一系列快速向内上方的推压（见图 01），不要触到剑突或肋骨下缘，因为推力作用于这些结构会导致内脏器官损伤。

**特别注意** 为解除梗阻，每一次推压动作都应该是单独、明显的。持续腹部推压直至异物排除或宝宝意识丧失而停止。如果宝宝意识丧失，应立即使之仰卧于地面上，并进行心肺复苏术。在每次人工

图 01

呼吸前，须查看口腔内是否有异物，若有立即取出。心肺复苏术 5 个循环之后，通知医院急救。

## 背部扣击——胸部按压法

这种急救方法适用于解除 1 岁以内的小宝宝异物吸入所致的气道梗阻。操作如下：

1. 宝宝脸朝下骑跨在救护者的前臂上，救护者紧紧地托住宝宝下颌支撑其头部，并保持颈部平直（开放气道），将前臂放在大腿上以支撑宝宝。注意宝宝的头部要始终低于躯干。

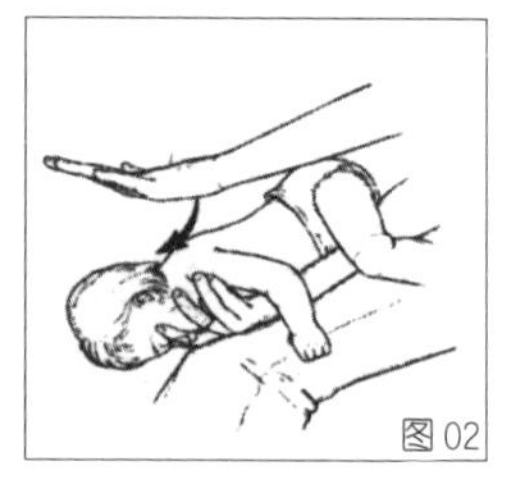
图 02

2. 在宝宝两肩胛骨间用手掌根部用力拍击 5 次（见图 02）。

3. 背部扣击后，将另一空着的手臂放在宝宝后背，并用手托住其头部。救护者用一只手支撑宝宝的头、颈、颌及胸部，另一只手支撑宝宝后脑勺、颈及背部，这样就能两只手和手臂有效地夹住宝宝。转换体位时注意支撑好宝宝的头颈部，将其反转呈仰卧位，放在救护者的另一手臂上，将此前臂放于大腿上。注意宝宝的头部应始终低于躯干。

4. 在胸外按压相同的位置，给宝宝作 5 次快速向下的胸部按压（见图 03）。

5. 重复上述操作步骤，直至异物排除或宝宝意识不清而停止操作。

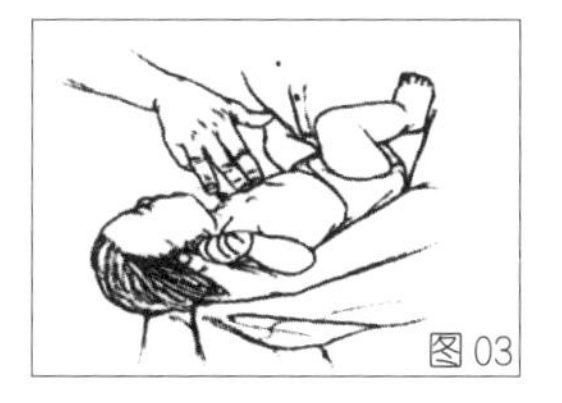
图 03

**特别注意** 如果救护者的手较小或宝宝较大，这些手法很难操作。在此情况下，救护者可将宝宝俯卧横放于膝上，注意使头低于躯干，并稳固地支撑头部。在给予宝宝 5 次背部拍击后，将其作为一个整体一起转换至仰卧体位，在胸外按压相同的位置，给宝宝作 5 次快速向下的胸部按压。如此反复进行，直至异物排除或宝宝意识不清而停止。如果宝宝意识不清，立即开始心肺复苏术，并于每次人工呼吸前，查看口腔内有无异物，若有立即取出。实施心肺复苏术 1 分钟后，通知医院急救，然后再继续复苏操作。若宝宝恢复了有效通气，放置宝宝于恢复体位（见图 04），密切监护，直至救护人员到达。

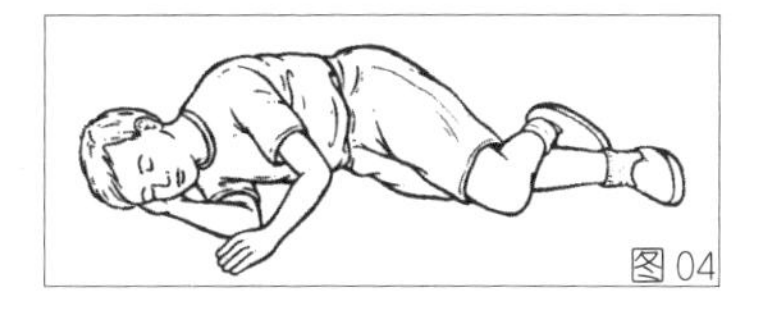
图 04

**提醒妈妈**

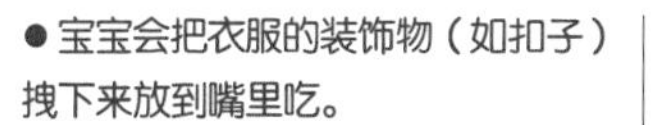

## 1 岁以内宝宝出现气管异物的 3 种情况

- 宝宝会把衣服的装饰物（如扣子）拽下来放到嘴里吃。
- 宝宝长牙时，如果把胡萝卜条之类的自制食物当磨牙棒，有可能因为不会咀嚼吞下去而出现窒息。
- 安抚奶嘴上有裂纹时，一定要马上换新的，以免宝宝吸入安抚奶嘴上破损的地方。

# 骨折后的紧急救护

宝宝从高处坠落受伤后，家长都担心“会不会有骨折”，但对如何判断骨折的情况，以及如何对宝宝进行骨折后的紧急救护又不是很了解。为了避免家长出现错误或延误救护，请一起和我们看看专家的演示。

## 骨折的现场处置原则——制动

骨折的现场处置最关键的是制动，制动指利用支撑物来制止身体某部分活动。支撑物包括夹板、石膏、牵引、绷带、支具等，必要时宝宝没有受伤的一侧肢体或躯干也可作为支撑物。制动的作用是固定患处，减少疼痛，减少或预防进一步损伤。如果没有医院的石膏夹板等物品，可使用替代物，如小薄木板、雨伞、书、树枝、筷子等。另外， 替代物表面要外裹干净的布条，因为一旦宝宝同时出现裂伤和骨折，代替物没有经过消毒，上面的细菌可能感染宝宝伤口。

## 身体各部位制动方法

● **手指骨折**：用小硬纸板放置在手指的屈侧，不要将宝宝弯曲的手指扶直。用绷带或胶布将手指和硬纸板固定在一起。如没有硬纸板也可利用宝宝邻近没有受伤的手指，与受伤的手指包扎在一起。（见图 01）

● **足部骨折**：硬纸板放置宝宝足底部以绷带或布条固定，也可与所穿的鞋固定。（见图 02）

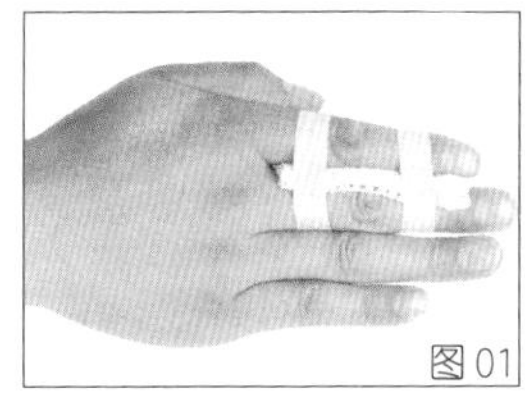
图 01

图 02

● **上肢骨折**：将支撑物放置在宝宝前臂背侧或上臂外侧，再用绷带、布条把手臂和支撑物固定在一起。然后用三角巾将受伤的上肢吊在胸前，也可利用三角巾将受伤的上肢与他的躯干固定在一起。注意支撑物要跨越腕部及肘关节两个关节。（见图 03）

● **下肢骨折**：将支撑物放置在宝宝下肢后侧或外侧，用三角巾、布条或绷带将宝宝受伤的下肢与支撑物固定在一起。如果没有足够长的支撑物，也可利用宝宝没有受伤的那侧下肢与受伤的下肢一起用三角巾固定，至少固定 3 道。（见图 04）

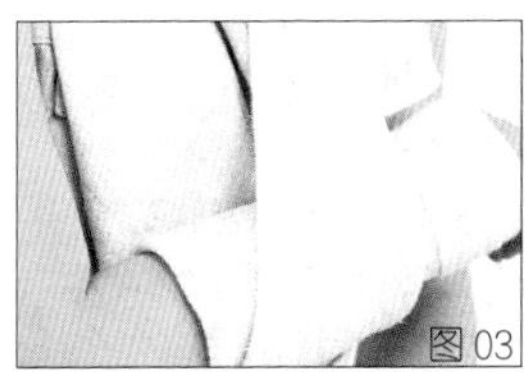
图 03

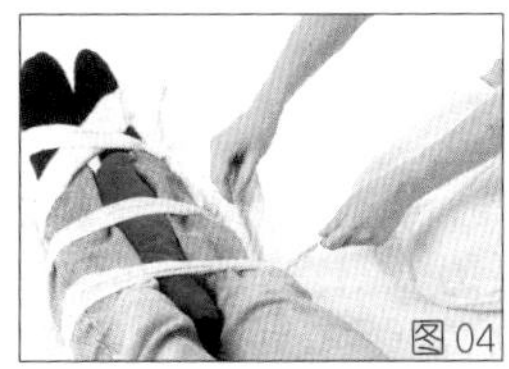
图 04

## 拨打急救电话

在为宝宝做骨折急救前要先拨打急救电话，说明如何受伤、伤在哪里、现在的状况，并按照急救人员的指示救护。如果孩子出现特殊类型的骨折，比如脊椎骨折，需要等待急救人员到来。与此同时，你要做的是及时为宝宝止血，不要移动他的身体或受伤部位，也可以让宝宝保持在他喜欢的体位。如果宝宝出现呼吸暂停，要及时为他做人工呼吸。

## 骨折后的护理

宝宝发生骨折后应卧床休息 3~7 天，有利于骨折部位的固定和康复。如果医生给宝宝使用石膏固定，父母要密切观察宝宝四肢和身体是否正常，肤色是否红润，四肢能否伸屈活动。如果发现宝宝的肢体有肿胀、发凉或麻木，皮肤有苍白、青紫或不能够活动等情况，都应马上去医院复查。

**提醒妈妈**

### 如何判断骨折

● 宝宝受伤的身体部位停止活动，比如上肢骨折通常不能抬臂，下肢骨折则不能站立。

● 宝宝受伤的身体部位出现肿胀，有异常的折角、隆起、青紫、淤血。

● 宝宝拒绝触摸，轻微触碰受伤的身体部位，一旦触摸就会引起宝宝

剧烈哭闹、表情异常痛苦。

● 夜间诊断法：如果你怀疑宝宝有不典型的骨折，但症状和体征又不明显，对这样的宝宝可采用夜间诊断法，即趁宝宝熟睡时触碰他受伤的身体部位，如果宝宝惊醒或哭闹，应怀疑有骨折。

# 处理烫伤的 4 个步骤

宝宝长大了，吃饭的时候，在厨房里乱跑，一不小心就会被烫伤。看看被烫伤后，第一时间内可以做些什么吧。

1 **冲**：马上冷却宝宝被烫伤的地方，用冷水冲被烫到的地方，大约 5 ~ 10 分钟，直至宝宝不再感到痛。冷水可将热迅速散去，以降低对皮肤深部组织的伤害。

2 **剪**：冲过冷水后，用剪刀把宝宝被烫皮肤处的衣服剪开。这样做是防止如果皮肤和衣服粘在一起，衣服被扯掉时，宝宝会感到很痛。

3 **盖**：送宝宝去医院之前，用干净的毛巾把宝宝被烫伤的皮肤盖上，防止皮肤被感染。

4 **送**：如果宝宝烫伤严重，那就要根据受伤的情况，尽快送他到医院检查。

**提醒妈妈**

## 宝宝烫伤的程度

● 一度烫伤：皮肤表面变红，肿起，但没有破损和水泡。用冷水冲过后感到不疼就可以不用去医院。

● 二度烫伤：皮肤表面出现水泡，用冷水冲过后要送到医院检查。

● 三度烫伤：皮肤表面出现坏死和皮肤剥落。用冷水冲过后，须由专业医生处理和治疗。

# 眼睛外伤

对眼外伤的正确处理关系到能否保存眼球和恢复部分视功能，初步急救要迅速准确。以下是宝宝常见的 4 类眼外伤的初步急救原则。

## 化学制剂进入眼睛

化学制剂多含有不同程度的碱性成分，对结膜、角膜上皮有损害。由于刺激了角膜上皮的感觉神经末梢，宝宝会出现怕光流泪、不敢睁眼和疼痛等情况。

**急救方法** 立即用生理盐水或自来水冲洗宝宝的眼睛，用手指将眼皮撑开，愈大愈好。如果宝宝能接受，甚至可将头部放在水龙头下，让水直接冲洗眼睛，至少持续 15 分钟，同时尽可能让宝宝转动眼球。冲洗时用小手绢掩住宝宝的鼻子，防止呛水。冲洗后立刻送医院救治。

## 眼内进入异物

当异物进到宝宝眼睛里时，第一反应是揉眼睛，但这可能让异物伤到眼睛，所以当看到宝宝有揉眼睛的动作时，你要马上帮他检查眼睛。

**急救方法** 一般异物如昆虫、灰沙、铁屑等进入眼内后，要用拇指和食指轻轻捏住宝宝的上眼皮，轻轻向前提起，再向宝宝的眼内轻吹，刺激眼睛流泪，将沙尘冲出。如果异物仍然不能取出来，就要马上送宝宝去医院治疗。

如果是石灰粒吹入眼中，应马上翻开眼皮，将石灰粒取出，再用大量清水冲洗，然后立即送医院。千万不可不作处理直接送医院。

## 眼睛被撞伤

宝宝的眼球受到外力撞击受伤，如眼睑血肿，结膜下出血，多半会自行消退，不需特别治疗。

**急救方法** 立即对宝宝受伤的眼睛进行冰敷，大约15分钟，这样做可以减少疼痛及肿胀。如果宝宝的眼眶变黑或视力模糊，可能是眼球内出血或其他伤害，这时要立刻送他去医院请眼科医师检查治疗。

## 眼睛出血

眼睑皮肤撕裂时，宝宝的眼睛会有出血，只要及时将受伤的组织对齐缝合，防止感染，眼睛就无大碍。但如果结膜角膜有创伤，必须及时送往医院。

**急救方法** 处理原则与一般外伤基本相同，用消毒纱布或干净的手绢稍用力压在伤口处，帮助止血，血止住后再用纱布将眼部轻轻包扎。不要尝试拿掉粘在眼睛或眼皮之内的任何物体，并避免碰压眼球或揉擦眼球，然后立刻送医院。

# 鼻子外伤

宝宝难免会遇到摔得鼻青脸肿的时候，如何应对鼻子外伤呢?

## 鼻子摔扁了

鼻子设计巧妙，相当于减震器，使对脸部的撞击不会伤及头部。但是当鼻子撞到坚硬的表面时，可能会因为薄薄的鼻骨被推向两边而变扁了。

**急救方法** 在宝宝鼻子上放一个冰袋，轻轻地压在鼻子两侧、眼窝以下的凸起肿胀处。冰袋至少放20分钟。鼻子受伤后，在24小时之内尽早开始冷敷，冷敷的时间越久，肿胀的程度就越轻。

## 流鼻血

如果宝宝摔倒后，硬物碰到鼻子，很可能造成鼻子出血。有时候宝宝的小手指伸入鼻孔乱挖，用力不当的话，也会造成鼻子出血。

**急救方法** 让宝宝坐着，大人用大拇指和另一手指完全夹住鼻子的柔软部分，抵住鼻骨紧紧压住鼻子。保持按压姿势5分钟，期间不能松手。压迫5分钟后，轻轻地松开鼻子，以防止再次鼻出血。如果再次出血，就必须再次按压，压迫的时间应更长。在鼻出血停止后，让宝宝保持至少30分钟休息，以防再次出血。避免让宝宝擤鼻子，因为擤鼻子会移动血凝块。注意捏鼻止血时，安慰宝宝不要哭闹，张大嘴呼吸，头不要过分后仰，以免血液流入咽喉。如果宝宝能合作，在采取压迫止血前让宝宝擤出多余的血液，使得鼻出血停止后留在鼻腔内的血液较少。血液结痂时会痒，如果留在鼻腔内的血过多，导致宝宝挖鼻，可能引起再次出血。如果鼻出血无法控制，应及时送医院急救。

## 鼻内异物

有些宝宝喜欢往鼻子里塞小东西，让人惊讶的是，宝宝很少会抱怨鼻子里有异物，如果你发现宝宝的一个鼻孔里流出散发着臭味的黄绿色鼻涕（感冒时，两个鼻孔都流鼻涕，而且鼻涕没有臭味），那么很可能鼻子里有异物。

**急救方法** 如果你能看到片状的异物，可以试着用钝头的镊子取出，一定要固定住宝宝不要乱动。如果异物为圆形，切不可用镊子去夹，以免越来越深，应立即送医院处理。如果异物陷在鼻子深处，压住没被堵住的另一个鼻孔，鼓励宝宝闭上嘴巴打喷嚏，这样可能会使异物排出来。如果用了以上措施还是无法去掉异物，就要带宝宝去医院，医生可以用特殊的工具将异物取出。不要让宝宝在异物还没取出时躺下睡觉，因为异物有可能会被吸入肺部。

# 乳牙外伤

虽然乳牙早晚要被换掉，但当宝宝的乳牙发生外伤时，还是要及时处理，否则后患无穷。以下是4种乳牙外伤的处理对策。

## 乳牙震荡

乳牙震荡往往宝宝的牙齿在外形上看不出什么变化，只有轻度松动或无明显松动。

**急救方法** 当宝宝摔倒，使鼻子和上下颌受到撞击时，不能只看表面，应该让宝宝张开嘴巴，检查牙齿。除了检查明显的损伤外，还要轻轻摸牙，看看是否松动。如果怀疑牙齿受伤，最好带宝宝到口腔科接受检查。由于表面没有变化，宝宝也不会表达，发生这种情况以后，容易被父母忽视。直到牙齿变黑了或出现问题才就医，而这时牙髓已经坏死或坏疽。因此，乳牙震荡需要引起父母特别的重视。

## 乳牙嵌入性脱位

乳牙嵌入牙槽窝，有时仅切端外露甚至完全嵌入牙槽窝内。这会影响到恒牙胚的正常发育，造成牙齿发育异常。

**急救方法** 及时带宝宝到口腔科就诊，请医生根据情况采取治疗措施。如果乳牙齿移位后，根尖可能对恒牙胚产生损伤，医生会考虑将这颗乳牙拔掉。

## 乳牙部分脱臼

乳牙脱臼，通常是乳前牙受到碰撞，向外或向内倾斜移位，部分脱出牙槽窝。

**急救方法** 及时带宝宝就医，医生会根据情况治疗，比如将受伤乳牙恢复到原位后结扎固定，一般会痊愈得比较好。因为乳牙牙冠较短，如果松动严重，为避免宝宝误吸入，医生也许会拔掉这颗牙齿。

## 乳牙完全脱位

乳牙完全脱位很容易观察到，如果看到乳牙完全离开了牙槽窝，就是乳牙脱位了。

**急救方法** 乳牙不同于发育中的恒牙，不需要再植入牙槽窝内。如果 2 颗以上乳牙缺失，为了美观及功能，医生可能会建议及时为宝宝制作临时假牙。

**提醒妈妈**

### 牙医的 3 个建议

- 小宝宝不懂得和医生配合，所以如果不能进行保守治疗，应该听从医生的指示，需要的时候可以将受损的牙齿拔除。
- 如果可能，医生会尽量保留受损的小乳牙，这样才能保证有正常的乳牙列，对以后恒牙的萌出、颌面发育都有重要作用。

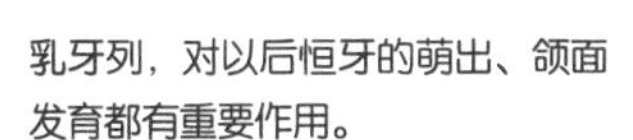

- 4 岁以上的宝宝，如果需要拔除乳牙，有些情况医生会要求佩戴间隙保持器维持缺牙间隙，或者阻萌器防止恒牙早萌。

# 家庭常用外伤药

宝宝在不断探索成长中免不了受点儿小伤，家庭药箱中要常备这些外伤药。

## 林可霉素利多卡因凝胶（又称绿药膏）

- 用于轻度烧伤、创伤及蚊虫叮咬引起的各种皮肤感染。
- 涂搽患处，每日 2 ~ 3 次。1 个月以内的宝宝禁用。

## 莫匹罗星软膏（又称百多邦）

- 适用于革兰阳性球菌引起的皮肤感染，如脓皮病、毛囊炎、疖肿等原发性感染；还可治疗湿疹、皮炎、糜烂、溃疡的继发感染。
- 局部涂于患处，每日 3 次，5 天为一个疗程。

## 利多卡因氯己定气雾剂（又称好得快）

- 用于轻度割伤、擦伤、软组织损伤、灼伤、晒伤，以及蚊虫叮咬、瘙痒、痱子等。
- 距离患处 10 ~ 20 厘米，揿压阀门喷出药液，每日 1 ~ 3 次，喷药次数根据宝宝的症状轻重而定。

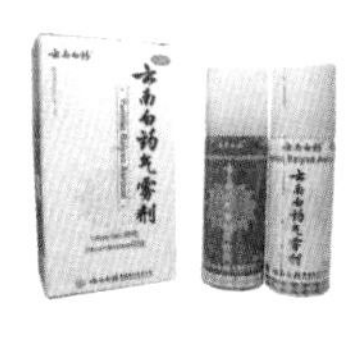

## 云南白药气雾剂

● 具有活血散淤、消肿止痛的功效。用于跌打损伤，瘀血肿痛，肌肉酸痛及风湿疼痛。

● 喷于伤患处，每日 3 ~ 5 次。

## 儿童创可贴

● 具有抗菌、止血作用。用于创伤较为表浅，伤口整齐干净、出血不多的小伤口。

● 用时撕开包装，将中间的吸收垫敷在创伤处，然后撕去两端的覆盖膜，并用胶布固定位置。

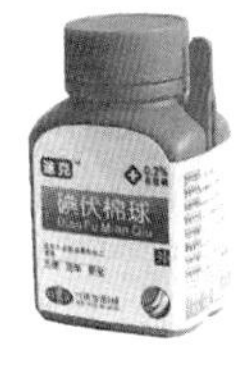


## 碘伏

● 具有广谱杀菌作用，烧伤、冻伤、刀伤、擦伤等一般外伤，用碘伏消毒效果都很好。

● 使用时直接涂擦于皮肤外伤处。

**提醒妈妈**

### 红药水 & 紫药水不适合宝宝用

红药水和紫药水都是常用的皮肤消毒剂，但红药水是一种有毒的汞化合物，不能入口，对于爱吃手、啃东西的宝宝来说，不够安全；而紫药水如果使用不当，会产生很多副作用，宝宝最好不用或少用。

# 儿童外伤急救包

**1. 镊子：**拔除宝宝手上的小刺，尖头镊子比针更好使。

**2. 剪子：**除了通常功用外，宝宝被烫伤或处于昏迷状态时，可以用剪子把不易脱下的衣服剪开。

**3. 不同型号的无菌纱布：**5厘米 ×5厘米作为眼贴，7.5厘米 ×7.5厘米用于保护中小伤口。纱布用于宝宝暴露在外的伤口包扎、止血。

**4. 创可贴：**一般用于擦伤，流血不多时可使用。

**5. 绷带卷：**用于包扎时的固定的纱布。

**6. 无菌棉签和棉球：**用于清洁宝宝伤口以及周围皮肤。

**7. 一次性橡胶手套：**处理创伤面大的伤口时可以戴上它，防止手上的细菌污染伤口。

**8. 胶布：**用于固定包扎好的纱布。

**9. 小手电筒：**如果宝宝在晚上受伤可以用它照亮，处理伤口时就很方便。

**10. 塑料袋：**可以作为冰袋，盛水后冷敷于伤处。

# 常见安全标志

让宝宝认识这些安全标志，一方面能增长见识，另一方面可以让他从小建立安全意识。

医疗点

如果你受伤了，要到有这个标志的地方请医生治疗。

人行横道

过马路时一定要走人行横道，而且要红灯停、绿灯行。

火警电话

如果家里着火了，你也可以打 119 告诉消防员叔叔你家在哪。

走失儿童

如果宝宝走丢了，看到带这个标志，你可以进去请里面的叔叔阿姨帮你找妈妈。

过街天桥

没有人行横道的时候，你可以找找过街天桥的标志，从天桥过马路。

紧急呼救设施

“SOS”是救命的意思，当你遇到危险需要别人帮助时可以按下“SOS”旁的按钮。

禁止饮用

这个标志告诉你不能喝这里的水。

当心触电

这个地方有电，不要碰任何东西。

禁止靠近

贴了这个标志的东西，不能靠近。

紧急出口

遇到危险时要走有这个标志的门。

当心辐射

这里可能有种你看不见的光，会让你受伤。

应急避难场所

如果发生地震，要跑到这里避难。

当心火车

火车可能会从这里通过，所以你不要随便穿行。

禁止触摸

任何物体上贴了这个标志，就表示你不能随便用手摸它。

危险化学品

表示这里的物品是非常危险的化学物品，含有剧毒，不能靠近。

**策划，内容提供：**《我和宝贝》杂志
**文案：**蒋佳宁
**设计：**徐萍萍 霍萌萌